Altlastenhandbuch des Landes Niedersachsen
Berechnungsverfahren und Modelle

Springer

Berlin
Heidelberg
New York
Barcelona
Budapest
Hong Kong
London
Mailand
Paris
Santa Clara
Singapur
Tokio

Niedersächsisches Landesamt für Ökologie
Niedersächsisches Landesamt für Bodenforschung
als Landesarbeitsgruppe LAA

Altlastenhandbuch des Landes Niedersachsen

Materialienband

Berechnungsverfahren und Modelle

W. Kinzelbach
A. Voss
R. Rausch (Modell PAT, WSG)
J.-P. Sauty (Modell CATTI)
W. H. Chiang, C. Cordes, S. Z. Fang (Modell GFR)

Bearbeitung durch Landesarbeitsgruppe Altlasten:
H. Röhm, Niedersächsisches Landesamt für Bodenforschung
M. Scholtka, Niedersächsisches Landesamt für Ökologie

Mit 164 Abbildungen und 18 Tabellen

Springer

NIEDERSÄCHSISCHES LANDESAMT FÜR ÖKOLOGIE
Postfach 101062
D-31110 Hildesheim

WEN-HSING CHIANG
Umweltbehörde Hamburg, Amt für Umweltschutz/Geologisches Landesamt
Billstraße 84, D-20539 Hamburg

WOLFGANG KINZELBACH
Institut für Umweltphysik, Universität Heidelberg
Im Neuenheimer Feld 366, D-69120 Heidelberg

RANDOLF RAUSCH
Heimbergstraße 54
D-70496 Stuttgart

JEAN-PIERRE SAUTY
Bureau de Recherches Géologiques et Minières
B.P. 6009, F-45060 Orléans Cédex

AXEL VOSS
HPC Harress Pickel Consult GmbH
Postfach 1113, D-34226

ISBN 3-540-60755-2 Springer-Verlag Berlin Heidelberg New York

Die Deutsche Bibliothek – CIP-Einheitsaufnahme
Materialien zum Altlastenhandbuch Niedersachsen : Berechnungsverfahren und Modelle / Hrsg.: Niedersächsisches Landesamt für Ökologie ... - Berlin ; Heidelberg ; New York ; Barcelona ; Budapest ; Hong Kong ; London ; Mailand ; Paris ; Santa Clara ; Singapur ; Tokyo : Springer 1996
   ISBN 3-540-60755-2
NE: Niedersachsen / Landesamt für Ökologie

Dieses Werk ist urheberrechtlich geschützt. Die dadurch begründeten Rechte, insbesondere die der Übersetzung, des Nachdrucks, des Vortrags, der Entnahme von Abbildungen und Tabellen, der Funksendung, der Mikroverfilmung oder der Vervielfältigung auf anderen Wegen und der Speicherung in Datenverarbeitungsanlagen, bleiben, auch bei nur auszugsweiser Verwertung, vorbehalten. Eine Vervielfältigung dieses Werkes oder von Teilen dieses Werkes ist auch im Einzelfall nur in den Grenzen der gesetzlichen Bestimmungen des Urheberrechtsgesetzes der Bundesrepublik Deutschland vom 9. September 1965 in der jeweils geltenden Fassung zulässig. Sie ist grundsätzlich vergütungspflichtig. Zuwiderhandlungen unterliegen den Strafbestimmungen des Urheberrechtsgesetzes.

Die Wiedergabe von Gebrauchsnamen, Handelsnamen, Warenbezeichnungen usw. in diesem Werk berechtigt auch ohne besondere Kennzeichnung nicht zu der Annahme, daß solche Namen im Sinne der Warenzeichen- und Markenschutz-Gesetzgebung als frei zu betrachten wären und daher von jedermann benutzt werden dürften.

© Springer-Verlag Berlin Heidelberg 1996
Printed in Germany

Satz: Reproduktionsfertige Vorlage vom den Autoren

SPIN: 10528814   30/3136 – 5 4 3 2 1 0 – Gedruckt auf säurefreiem Papier

Vorwort

In Niedersachsen wurde ab 1985 mit der systematischen Entwicklung und Umsetzung eines Stufenkonzepts zur einheitlichen Behandlung von Altlasten begonnen. Dabei hat man sich zunächst auf die Erfassung und Beurteilung aller Altablagerungen konzentriert. Die Nachsorge im variantenreichen Problemfeld der „Altlasten" ist sowohl technisch als auch finanziell nur in einer Langzeitperspektive zu lösen. Die an potentiellen und erwiesenen Altlasten durchzuführenden Maßnahmen werden über lange Zeiträume erforderlich sein und stellen hohe Anforderungen an Methodik und praktische Durchführung. Das Altlastenhandbuch soll helfen, den organisatorischen und fachlichen Rahmen zu vermitteln, in dem sich eine Vielzahl von Fachleuten bei Behörden und Einrichtungen, bei Instituten und Fachfirmen, aber auch betroffene Bürger oder im Umweltschutz engagierte Einzelpersonen um angemessene Lösungen bemühen.

Der Teil I des *Altlastenhandbuchs*, das im Februar 1993 durch das Niedersächsische Umweltministerium herausgegeben wurde, enthält die Landesvorgaben zur schrittweisen systematischen Erkundung und Bewertung der Altablagerungen in Niedersachsen. Dieses ist als Loseblattsammlung angelegt und soll bei Bedarf fortgeschrieben bzw. ergänzt werden.

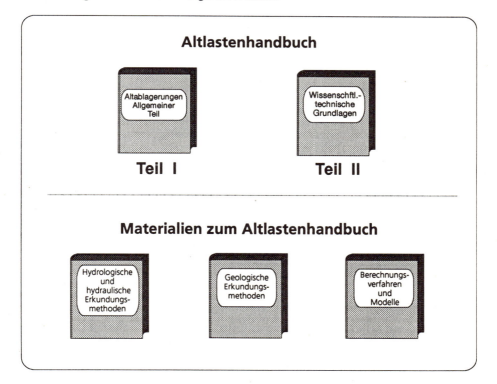

Mit dem vorliegenden Band „Berechnungsverfahren und Modelle" ist ein Schritt zur weiteren Realisierung des Gesamtkonzepts des Altlastenhandbuchs Niedersachsens getan worden. Zusätzliche „Bausteine" wurden inzwischen weitgehend bearbeitet und werden demnächst ebenfalls zur Verfügung stehen.

Auf den empfehlenden Charakter des Altlastenhandbuchs sei hier ausdrücklich hingewiesen.

Wir danken an dieser Stelle dem Verlag, den Autoren, den Bearbeitern und all jenen, die im Umfeld den Weg bereitet und in vielfältiger Weise zur Entstehung dieses Bands beigetragen haben.

Für die Landesarbeitsgruppe Altlasten des Landes Niedersachsen

Klaus Mücke	Dr. Gunter Dörhöfer
Niedersächsisches Landesamt für Ökologie Hildesheim	Niedersächsisches Landesamt für Bodenforschung Hannover

Inhaltsverzeichnis

Seite

1	**Einleitung**	1
2	**Analytische Lösungen mit Beispielen**	2
	2.1 Grundwasserfließrichtung / Grundwassergefälle	2
	2.2 Fließgeschwindigkeiten/Laufzeiten/Brunnenformeln	6
	2.3 Bodenluftabsaugung	30
	2.4 Nichtmischbare Flüssigkeiten/Kapillarität/Restsättigung	33
	2.5 Advektion und Diffusion	38
	2.6 Dispersion und Vermischung	44
	2.7 Mischungsrechnung	49
	2.8 Adsorption und Abbau	51
	2.9 Bilanzierung	55
	2.10 Analytische Lösungen der Transportgleichungen	58
	2.11 Übersicht über die vorkommenden Parameter und Kenngrößen	68
3	**PAT – Berechnung von Bahnlinien und Laufzeiten in analytisch beschriebenen Strömungsmodellen**	71
	3.1 Einleitung	71
	3.2 Installation	71
	3.3 Theoretischer Hintergrund	72
	3.4 Beispiel 1	76
	3.4.1 Programmstart	77
	3.4.2 Editieren der Modelldaten	78
	3.4.3 Berechnung von Bahnlinien und Isochronen	82
	3.4.4 Zusätzliche Optionen	84
	3.5 Beispiel 2	85
	3.6 Durchführen von Programmänderungen	85
4	**WSG – Einzugsgebiet eines Einzelbrunnens in paralleler Grundströmung, n-Tagelinien**	87
	4.1 Einleitung	87
	4.2 Installation	87
	4.3 Theoretischer Hintergrund	88
	4.4 Beispiel	90
	4.5 Durchführen von Programmänderungen	95
5	**CATTI – Rechnergestützte Tracertestauswertung**	96
	5.1 Einleitung	96
	5.2 Installation	96
	5.3 Theoretische Grundlagen	97
	5.3.1 1D-Strömung mit instantaner Injektion	97
	5.3.2 1D- Strömung mit instantaner Injektion in 2 wechselwirkenden Schichten	98
	5.3.3 2D-Parallelströmung mit instantaner Injektion	100
	5.3.4 Konvergente Radialströmung mit instantaner Injektion (angenäherte Lösung)	102

- 5.3.5 Konvergente Radialströmung mit instantaner Injektion in zwei wechselwirkenden Schichten (numerische Lösung) ... 103
- 5.3.6 2D-Parallelströmung mit permanenter Injektion ... 104
- 5.3.7 Allgemeine Vorgaben ... 105
- 5.3.8 Automatische Parameteridentifikation ... 105
- 5.4 Nutzung des Programms CATTI ... 106
  - 5.4.1 Eingabedaten ... 106
  - 5.4.2 Hinweise für den Benutzer ... 107
- 5.5 Beispiele für die Benutzung von CATTI ... 108
  - 5.5.1 Beispiel 1 ... 108
  - 5.5.2 Eröffnen der neuen Datei SAMPLE1.CAT ... 108
  - 5.5.3 Manuelle Interpretation der Durchgangskurve ... 117
  - 5.5.4 Automatische Interpretation der Durchgangskurve mit POP (Parameteroptimierungsprogramm) ... 133
  - 5.5.5 Zeichnen der mittels Optimierung angepaßten Kurve ... 140
  - 5.5.6 Skalierung der Zeichenachsen ... 143
  - 5.5.7 Erläuterungen zum Beispiel 2 ... 146
  - 5.5.8 Erstellen der Datei SAMPLE2.CAT ... 147
  - 5.5.9 Automatische Interpretation der Daten des Beispiels 2 ... 151

6 SIC – Statistische Verteilung von Isochronen um einen Einzelbrunnen in Grundströmung ... 157
- 6.1 Einleitung ... 157
- 6.2 Installation ... 157
- 6.3 Theoretischer Hintergrund ... 158
- 6.4 Beispiel ... 160
- 6.5 Durchführen von Änderungen im Programm SIC ... 163

7 GFR – 3D-Finite-Elemente-Modell zur Grundwasserströmungsberechnung ... 164
- 7.1 Einleitung ... 164
- 7.2 Installation von GFR ... 165
- 7.3 Programmbeschreibung ... 166
  - 7.3.1 Eingabe der Modelldaten ... 166
  - 7.3.2 Generieren eines FE-Modells ... 171
  - 7.3.3 Simulation der Grundwasserströmung ... 172
  - 7.3.4 Analyse der Simulationsergebnisse ... 173
- 7.4 Beispielsitzung zur Benutzung von GFR ... 174
  - 7.4.1 Beschreibung des Problems ... 174
  - 7.4.2 Starten von GFR ... 177
  - 7.4.3 Eingabe der Modelldaten ... 178
  - 7.4.4 Generierung eines FE-Modells ... 190
  - 7.4.5 Durchführung der Strömungsberechnung ... 193
  - 7.4.6 Analyse der Simulationsergebnisse ... 194
    - 7.4.6.1 Isolinien aus den Standrohrspiegelhöhen ... 194
    - 7.4.6.2 Bahnlinien ... 199
    - 7.4.6.3 Berechnung der Wasserbilanz ... 202

7.5	Beschränkungen von GFR	204
7.6	Beschreibung der Dateien	205

Literatur **207**
Anhang **213**
    Systemanforderungen 213
    Installation der Programme 213
    Sachverzeichnis..215

1 Einleitung

Im Konzept der Materialienbände zum wissenschaftlich-technischen Teil des Altlastenhandbuchs hat der vorliegende Band die Aufgabe, Formeln und Programme der Grundwasserhydraulik und Stofftransportmodellierung zur Verfügung zu stellen. Erkundung und Modellierung nutzen in weiten Bereichen identische mathematisch-physikalische Ansätze und sind – auch was die sich hier spiegelnden Tätigkeitsfelder der Autoren beider Materialienbände betrifft – nicht voneinander zu trennen. Inhaltliche Überschneidungen mit den der Erkundung gewidmeten Materialienbänden werden daher aus redaktionellen Gründen in Kauf genommen.

Die Modellierung hat sich in den letzten Jahrzehnten als eigenständiges Arbeitsgebiet herausgebildet. Sie kann als eine Weiterverarbeitung der in der Erkundung gewonnenen und aufbereiteten Primärdaten beschrieben werden, wobei häufig prognostische Aussagen angestrebt werden. Die Möglichkeit und wirtschaftliche Bedeutung der Prognose auf der Basis von Wissen im erkundeten und von Expertenvorstellungen im nichterkundeten Bereich war dabei entscheidend für die zunehmende Verbreitung der Modellierung als eigenständiges, interdisziplinär angesiedeltes Arbeitsgebiet.

Die hier dargestellten Methoden beschränken sich zunächst auf Faustformeln und analytische Modelle. Sie können als Einstieg in die komplexere numerische Modellierung angesehen werden, für die heute zahlreiche erprobte Programme zur Verfügung stehen. Dazu gehört auch das abschließend dargestellte 3D-Finite-Elemente-Modell GFR, das zur stationären Simulation, insbesondere für die Wirkung technischer Sanierungsmaßnahmen, entwickelt wurde.

2 Analytische Lösungen mit Beispielen

2.1 Grundwasserfließrichtung / Grundwassergefälle

Der mögliche Einflußbereich einer Altlastverdachtsfläche oder Altablagerung hinsichtlich einer Grundwasserbelastung hängt in erster Linie von der Grundwasserfließrichtung im Umfeld des kontaminierten Bereichs ab. Die Grundwasserfließrichtung und das Grundwassergefälle (hydraulischer Gradient) werden aus den Standrohr- bzw. Grundwasserspiegelhöhen bestimmt. Je mehr Meßstellen zur Verfügung stehen (mindestens 3 Meßstellen), um so genauer wird die Aussage über *Fließrichtung* und *Gefälle* des Grundwassers. Mit Hilfe des *hydrologischen Dreiecks* lassen sich Fließrichtung und Gefälle ermitteln, wenn an mindestens 3 Punkten eines Aquifers die Grundwasserspiegelhöhen bekannt sind (Abb. 1). Das Gefälle in einem rechtwinkligen Koordinatensystem folgt aus:

Gefälle in x-Richtung:

$$-\frac{\partial h}{\partial x} = -\frac{1}{M}\left[(y_2 - y_3)\cdot h_1 + (y_3 - y_1)\cdot h_2 + (y_1 - y_2)\cdot h_3\right]$$

Gefälle in y-Richtung:

$$-\frac{\partial h}{\partial y} = -\frac{1}{M}\left[(x_3 - x_2)\cdot h_1 + (x_1 - x_3)\cdot h_2 + (x_2 - x_1)\cdot h_3\right]$$

wobei

$$M = x_1 y_2 + x_2 y_3 + x_3 y_1 - x_1 y_3 - x_2 y_1 - x_3 y_2$$

und

x_i, y_i: Koordinaten der Meßstellen (z.B. Gauß-Krüger-Koordinaten)
h_i: Standrohrspiegelhöhen an den Meßstellen

Der Betrag des Gefälles ist

$$I = \sqrt{\left(\frac{\partial h}{\partial x}\right)^2 + \left(\frac{\partial h}{\partial y}\right)^2}$$

und der Winkel α zur x-Achse beträgt:

$$\alpha = \arctan\frac{\partial h / \partial y}{\partial h / \partial x}$$

Analytische Lösungen

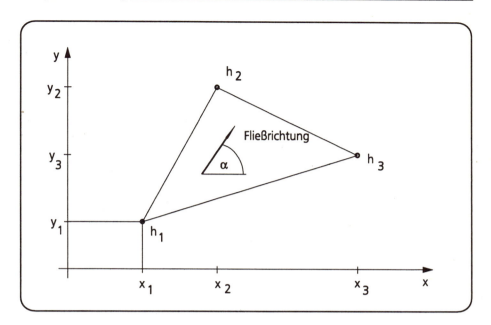

Abb. 1.   Hydrologisches Dreieck

Ist ein *Grundwassergleichenplan* vorhanden, so läßt sich unter der Voraussetzung der Homogenität und Isotropie des Aquifers (keine Vorzugsrichtung der Durchlässigkeit) die Fließrichtung auch zeichnerisch ermitteln. Die Fließrichtung eines Partikels verläuft in jedem Punkt senkrecht zu den Grundwassergleichen. (Bei einem anisotropen Aquifer stehen Stromlinien und Grundwassergleichen i.a. nicht mehr senkrecht aufeinander.)

Die Abstände der verwendeten Grundwassermeßstellen müssen so groß sein, daß die Höhendifferenzen der Meßstellen groß gegenüber dem Meßfehler werden. Eine weitere wichtige Voraussetzung ist die Verfilterung der Meßstellen in denselben Aquifer, da die Meßwerte sonst nicht vergleichbar sind. Sind mehrere Grundwasserstockwerke betroffen, gilt dies analog für jeden Aquifer.

Beispiel 1:   **Bestimmung von Grundwasserfließrichtung und -gefälle aus 3 hydrologischen Dreiecken**

In einem Teil eines Einzugsgebiets sind die in Abb. 2 dargestellten Meßstellen M_1-M_5 vorhanden. Im Rahmen eines Meßprogramms wurden zu einem Stichtag die eingetragenen Grundwasserspiegelhöhen abgelesen. Es sind daraus Fließrichtung und Gefälle des Grundwasserspiegels mit Hilfe hydrologischer Dreiecke zu bestimmen. Der Aquifer darf als isotrop angenommen werden.

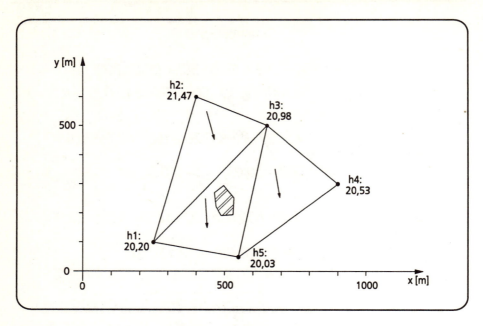

Abb. 2.   Hydrologische Dreiecke (Beispiel 1)

Lösung:

Dreieck 123

$$M_{123} = (250 \cdot 600) + (400 \cdot 500) + (650 \cdot 100)$$
$$- (250 \cdot 500) - (400 \cdot 100) - (650 \cdot 600) = -140.000 \ m^2$$

$$\frac{\partial h}{\partial x} = \frac{1}{-140.000} [(600 - 500) \cdot 20,20 + (500 - 100) \cdot 21,47$$
$$+ (100 - 600) \cdot 20,98] = -8,43 \cdot 10^{-4}$$

$$\frac{\partial h}{\partial y} = \frac{1}{-140.000} [(650 - 400) \cdot 20,20 + (250 - 650) \cdot 21,47$$
$$+ (400 - 250) \cdot 20,98] = 2,79 \cdot 10^{-3}$$

$$I_{123} = \sqrt{(-8,43 \cdot 10^{-4})^2 + (2,79 \cdot 10^{-3})^2} = 0,0029$$
$$\alpha_{123} = arctan(2,79 \cdot 10^{-3} \ / -8,43 \cdot 10^{-4}) = -73,2° \ zur \ x - Achse$$

Analytische Lösungen 5

Dreieck 135

$$M_{135} = (250 \cdot 500) + (650 \cdot 50) + (550 \cdot 100)$$
$$- (250 \cdot 50) - (650 \cdot 100) - (550 \cdot 500) = -140.000 \ m^2$$

$$\frac{\partial h}{\partial x} = \frac{1}{-140.000} [(500 - 50) \cdot 20,20 + (50 - 100) \cdot 20,98$$
$$+ (100 - 500) \cdot 20,03] = -2,07 \cdot 10^{-4}$$

$$\frac{\partial h}{\partial y} = \frac{1}{-140.000} [(550 - 650) \cdot 20,20 + (250 - 550) \cdot 20,98$$
$$+ (650 - 250) \cdot 20,03] = 2,16 \cdot 10^{-3}$$

$$I_{135} = \sqrt{(-2,07 \cdot 10^{-4})^2 + (2,16 \cdot 10^{-3})^2} = 0,0022$$
$$\alpha_{135} = \arctan(2,16 \cdot 10^{-4} \ / \ -2,07 \cdot 10^{-3}) = -84,5° \text{ zur x - Achse}$$

Dreieck 345

$$M_{345} = (550 \cdot 500) + (650 \cdot 300) + (900 \cdot 50)$$
$$- (550 \cdot 300) - (650 \cdot 50) - (900 \cdot 500) = -132.500 \ m^2$$

$$\frac{\partial h}{\partial x} = \frac{1}{-132.500} [(500 - 300) \cdot 20,18 + (300 - 50) \cdot 20,98$$
$$+ (50 - 500) \cdot 20,53] = -9,43 \cdot 10^{-5}$$

$$\frac{\partial h}{\partial y} = \frac{1}{-132.500} [(900 - 650) \cdot 20,18 + (550 - 900) \cdot 20,98$$
$$+ (650 - 550) \cdot 20,53] = 2,13 \cdot 10^{-3}$$

$$I_{345} = \sqrt{(-9,43 \cdot 10^{-5})^2 + (2,13 \cdot 10^{-3})^2} = 0,0021$$
$$\alpha_{345} = \arctan(2,13 \cdot 10^{-3} \ / \ -9,43 \cdot 10^{-5}) = -87,5° \text{ zur x - Achse}$$

Beispiel 2: **Bestimmung von Grundwasserfließrichtung und -gefälle in einem Grundwassergleichenplan**

Unter der Voraussetzung der Isotropie des Aquifers wird die Fließrichtung des Grundwassers senkrecht zu den Grundwassergleichen in den Plan eingetragen (Abb. 3).

Das *Gefälle* zwischen 2 Grundwassergleichen ist der Quotient aus dem Höhenunterschied und dem Abstand zwischen den beiden Grundwassergleichen. Das hydraulische Gefälle zwischen den Punkten A und B beträgt:

$$I = \frac{0,1\ m}{75\ m} = 0,0013$$

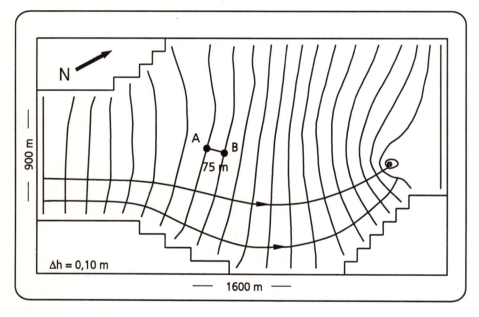

Abb. 3. Grundwassergleichenplan (Beispiel 2)

2.2 Fließgeschwindigkeiten/Laufzeiten/Brunnenformeln

Die Grundlage bei der Beurteilung des zeitlichen Aspekts einer Gefährdung des Grundwassers durch eine Altlast ist die *Fließgeschwindigkeit*. Dabei wird grundsätzlich zwischen der Filtergeschwindigkeit v_f und der Abstandsgeschwindigkeit v_a unterschieden.

Die *Filtergeschwindigkeit* ist der spezifische Abfluß, d.h. der Durchfluß durch eine geometrische Einheitsfläche. Sie errechnet sich in einem isotropen homogenen Aquifer nach DARCY aus der hydraulischen Leitfähigkeit (Durchlässigkeitsbeiwert) k_f und dem hydraulischen Gradienten $\delta h/\delta l$ in Fließrichtung.

Analytische Lösungen

$$v_f = \frac{Q}{A} = -k_f \cdot \frac{\partial h}{\partial l}$$

Das Minuszeichen in der Formel trägt der Tatsache Rechnung, daß der Fluß von Orten hohen Grundwasserstands zu Orten niedrigen Grundwasserstands (negatives Gefälle) erfolgt.

Die *Abstandsgeschwindigkeit* v_a ist die tatsächliche mittlere Geschwindigkeit der Wassertröpfchen bzw. eines gelösten Stoffes in den Poren des Aquifers. Sie beschreibt z.B. die Geschwindigkeit, mit der eine Schadstofffront im Grundwasser bei vernachlässigbarer Adsorption voranschreitet. Die Abstandsgeschwindigkeit wird ermittelt durch Division der Filtergeschwindigkeit durch die durchflußwirksame Porosität n_f. Sie ist grundsätzlich größer als die Filtergeschwindigkeit.

$$v_a = \frac{Q}{A\,n_f} = \frac{v_f}{n_f}$$

Für den einfachsten Fall einer *Parallelströmung* läßt sich die Laufzeit eines Wasserteilchens bzw. Tracers aus dessen zurückgelegtem Weg l und der Abstandsgeschwindigkeit v_a ermitteln.

$$t = \frac{l}{v_a}$$

Ein weiterer, einfacher Fall ist die *Radialströmung*, d.h. eine rotationssymmetrische Strömung, wie sie in der Umgebung eines Entnahmebrunnens vorherrscht. Die Filtergeschwindigkeit im Abstand r läßt sich ausdrücken als Durchfluß Q pro Mantelfläche des Brunnens

$$v_f = \frac{Q}{2\pi r m}$$

wobei m die Aquifermächtigkeit bedeutet. Diese Formel gilt für den gespannten Aquifer. Für die Anwendung auf einen freien Aquifer muß lediglich die Mächtigkeit m durch die Wasserspiegelhöhe h über Aquifersohle ersetzt werden. In diesem Fall gilt für die Laufzeit von einem Punkt im Abstand r vom Brunnen zum Brunnenrand r_B

$$t = \frac{\pi m n_f}{Q} (r^2 - r_B^2)$$

Für den Fall, daß $r \gg r_B$, gilt

$$t \approx \frac{\pi m n_f}{Q} r^2$$

Beispiel 3: **Bestimmung der Ausbreitung einer Schadstofffront**

Gegeben ist ein Grundwassergleichenplan in der Umgebung einer Altablagerung (Abb. 4). Der Durchlässigkeitsbeiwert ist aus einem Pumpversuch bekannt: $k_f = 5 \times 10^{-4}$ m/s. Wie weit kann eine Schadstofffront von der Altablagerung in 100 Jahren maximal voranschreiten, wenn die durchflußwirksame Porosität zwischen $n_f = 0,1$ und $0,2$ liegt und angenommen wird, daß der Schadstoff nicht adsorbiert wird? Die mittlere Aquifermächtigkeit beträgt 20 m.

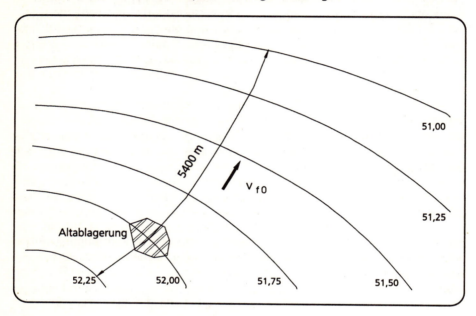

Abb. 4. Grundwassergleichenplan (Beispiel 3)

Lösung:
Aus dem Grundwassergleichenplan wird das hydraulische Gefälle abgeschätzt zu:

$$I = \Delta h / \Delta l = (52,25 \text{ m} - 51,00 \text{ m})/5400 \text{ m} = 0,23 \text{ ‰}$$

Die Filtergeschwindigkeit der Grundströmung beträgt:

$$v_{f0} = 5 \times 10^{-4} \text{ m/s} \times 0,00023 \times 86400 \text{ s/d} = 0,01 \text{ m/d}$$

Die maximale bzw. minimale Abstandsgeschwindigkeit beträgt:

$$v_{amax} = v_{f0} / n_{f1} = 0,01 \text{ m/d} / 0,1 = 0,1 \text{ m/d}$$
$$v_{amin} = v_{f0} / n_{f2} = 0,01 \text{ m/d} / 0,2 = 0,05 \text{ m/d}$$

Analytische Lösungen

Somit beträgt die maximale bzw. minimale Entfernung:

$l_{max} = t \times v_{umax} = 100 \text{ a} \times 365 \text{ d/a} \times 0,1 \text{ m/d} = 3650 \text{ m}.$
$l_{min} = t \times v_{umin} = 100 \text{ a} \times 365 \text{ d/a} \times ,05 \text{ m/d} = 1825 \text{ m}$

Bei *hydraulischen Sanierungsmaßnahmen* werden dem Untergrund durch Grundwasserentnahmen Schadstoffe mit Hilfe von Entnahmebrunnen entzogen. Dabei entstehen Absenktrichter und Einzugsbereiche, die bei entsprechender Größe eine Verschmutzung des Grundwassers im Abstrom verhindern können. Zur Erhaltung der Grundwassernettobilanz oder auch als unterstützende Maßnahme bei der Sanierung, z.B. zur Beeinflussung der Fließrichtung, Verstärkung der Durchspülung oder zum Einbringen von Sauerstoff (oder anderen gelösten Stoffen) bei der biologischen In-situ-Sanierung, können Infiltrationen erforderlich sein.

Aus der allgemeinen Strömungsgleichung lassen sich *Brunnenformeln* zur Berechnung der Grundwasserstandshöhen in einem Aquifer ableiten. Voraussetzung für die Anwendung der Formeln ist i.d.R. ein unendlicher, homogener und isotroper Aquifer mit einer ebenen Sohle und eine parallele regionale Grundströmung des Grundwassers. Die Berechnung der Strömungsfelder für freie und gespannte Aquifere ist unterschiedlich. Auch für einzelne kompliziertere Fragestellungen (z.B. Mehrbrunnenanlagen, geometrisch einfache Stau- oder Anreicherungsgrenzen) sind Lösungen auf der Basis von Brunnenformeln entwickelt worden (s. Programm PAT, KINZELBACH u. RAUSCH 1991a). Sind die Voraussetzungen für diese Lösungen jedoch nicht einmal näherungsweise erfüllt, muß für die Berechnung des Strömungsfelds auf ein numerisches Modell zurückgegriffen werden.

In einem *gespannten Aquifer* (Abb. 5) berechnet sich die Standrohrspiegelhöhe in der Umgebung eines Brunnens nach DUPUIT-THIEM (DUPUIT 1863, THIEM 1906) näherungsweise zu

$$h = h_0 + \frac{Q}{2 \pi k_f m} \cdot \ln \frac{R_w}{r}$$

mit

- h: Standrohrspiegelhöhe
- h_0: ungestörte Standrohrspiegelhöhe
- Q: Pumprate (negativ bei Entnahme, positiv bei Infiltration)
- R_w: Reichweite (z.B. nach SICHARDT $R_w = 3000 \times s_B \times k_f^{-1/2}$, mit Brunnenabsenkung s_B [m], k_f [m/s], und R_w [m])
- r: Abstand vom Brunnen

Das Produkt aus Durchlässigkeitsbeiwert k_f und Aquifermächtigkeit m wird als Transmissivität T bezeichnet.

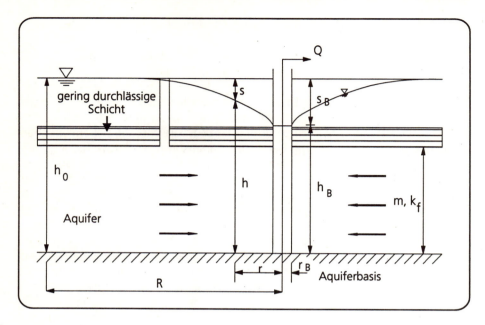

Abb. 5. Gespannter Aquifer

Die Geschwindigkeitskomponenten der Grundwasserströmung setzen sich aus den einzelnen Komponenten der Grundströmung und der Brunnenströmung zusammen (Abb. 6). Die Brunnenströmung ist gegeben durch die *DUPUIT-THIEM-Gleichung* (DUPUIT 1863, THIEM 1906), deren Differentiation zu den Komponenten in x- und y-Richtung führt. Die Brunnenachse liegt dabei im Koordinatenursprung.

Die Abstandsgeschwindigkeiten in x- und y-Richtung sind:

$$v_{ax} = v_{a0} \cdot \cos\alpha + \frac{Q}{2\pi m n_f} \cdot \frac{x}{x^2 + y^2}$$

$$v_{ay} = v_{a0} \cdot \sin\alpha + \frac{Q}{2\pi m n_f} \cdot \frac{y}{x^2 + y^2}$$

wobei v_{a0} die Abstandsgeschwindigkeit der Grundströmung und α der Winkel zwischen der Richtung der Grundströmung und der x-Achse ist.

Sind in einem Gebiet mehrere Brunnen vorhanden, so werden die Geschwindigkeitskomponenten der einzelnen Brunnen aufsummiert. Die Abstandsgeschwindigkeiten in einer parallelen Grundströmung mit n Brunnen ergeben sich durch Superposition der Abstandsgeschwindigkeit der Grundströmung mit den Geschwindigkeitsbeiträgen einer beliebigen Anzahl n von Brunnen an den Orten (x_i, y_i) (mit i = 1,...,n)

$$v_{ax} = v_{a0} \cos\alpha + \frac{1}{2\pi m n_f} \sum_{i=1}^{n} \frac{Q_i (x - x_i)}{(x - x_i)^2 + (y - y_i)^2}$$

$$v_{ay} = v_{a0} \sin\alpha + \frac{1}{2\pi m n_f} \sum_{i=1}^{n} \frac{Q_i (y - y_i)}{(x - x_i)^2 + (y - y_i)^2}$$

Für Entnahmebrunnen wird Q negativ eingesetzt, für Infiltrationsbrunnen positiv. Die Berechnung der Standrohrspiegelhöhe erfolgt durch Überlagerung nach der Formel

$$h(x, y) = h_0 - \frac{1}{2\pi T} \sum Q_i \cdot \ln\left(\frac{\sqrt{(x_i - x)^2 + (y_i - y)^2}}{R_W}\right)$$

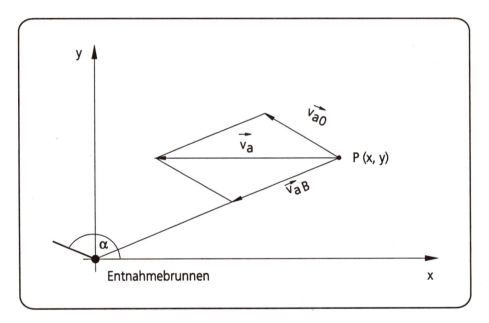

Abb. 6.   Geschwindigkeitskomponenten in Brunnennähe

Einfache geradlinige *Randbedingungen*, wie z.B. eine Anreicherungsgrenze (Festpotentialrand) oder eine Staugrenze (undurchlässiger Rand), können mit Hilfe der Methode der Spiegelung an den Rändern und Superpositionsverfahren berücksichtigt werden (Abb. 7). Für jeden vorhandenen Brunnen wird ein zusätzlicher virtueller Brunnen außerhalb des Gebiets mit derselben lotrechten Entfernung vom Rand eingeführt.

Im Fall eines undurchlässigen Rands muß der *virtuelle Brunnen* mit der gleichen Entnahme-/Infiltrationsrate Wasser entnehmen/infiltrieren wie der tatsächliche Brunnen, während bei einer Anreicherungsgrenze die Entnahme- bzw. Infiltrationsrate des virtuellen Brunnens mit einem entgegengesetzten Vorzeichen versehen werden muß. Bei einer rechtwinkeligen Berandung muß ein Brunnen 3mal gespiegelt werden. Dabei müssen alle Brunnen das gleiche Vorzeichen haben, wenn es sich um einen undurchlässigen Rand handelt. Im Fall einer Anreicherungsgrenze hat der diagonal gespiegelte Brunnen das gleiche Vorzeichen, während die beiden anderen Brunnen mit dem entgegengesetzten Vorzeichen versehen werden müssen. Bei der Betrachtung eines Aquiferstreifens (2 parallele undurchlässige Ränder) führt die Methode zu einer unendlichen Reihe von Spiegelbrunnen. Die unendliche Summe kann geschlossen aufsummiert werden. Die resultierenden Ausdrücke liegen dem Programm PAT (KINZELBACH u. RAUSCH 1991a) zugrunde. Für kompliziertere Randbedingungen wird diese Methode sehr umfangreich und benötigt einen ähnlichen Zeitaufwand wie ein numerisches Modell, so daß diesem der Vorzug gegeben werden sollte.

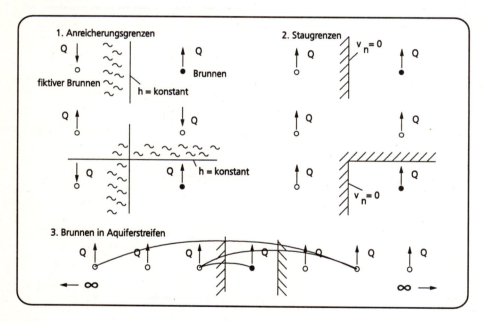

Abb. 7.   Berücksichtigung von Randbedingungen

Im Fall eines *freien Aquifers* (Abb. 8) lautet die Gleichung für die Berechnung der Standrohrspiegelhöhen:

$$h^2 - h_0^2 = -\frac{Q}{\pi k_f} \cdot \ln\frac{R}{r}$$

Die Berechnung der Abstandsgeschwindigkeiten im freien Aquifer kann näherungsweise mit den Formeln für den gespannten Aquifer erfolgen, wenn die

Analytische Lösungen

räumliche Variabilität der Grundwasserspiegelhöhen klein gegenüber der Mächtigkeit der gesättigten Zone ist. Andernfalls ist eine Superposition nicht mehr möglich und die Berechnung muß numerisch erfolgen. Bei Vorhandensein mehrerer Brunnen lautet die Formel zur Berechnung der Standrohrspiegelhöhen:

$$h^2(x,y) = h_0^2 - \frac{1}{\pi k_f} \sum Q_i \cdot \ln\left(\frac{\sqrt{(x_i - x)^2 + (y_i - y)^2}}{R_w}\right)$$

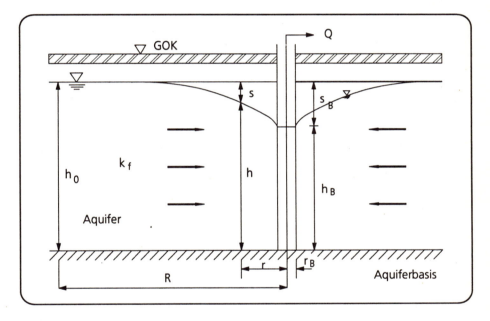

Abb. 8. Freier Aquifer

Etwaige Randbedingungen können, wie im Fall eines gespannten Aquifers mittels virtueller Brunnen, berücksichtigt werden.

Einzelbrunnen in paralleler Grundströmung
Ein wichtiger Spezialfall ist der Einzelbrunnen in paralleler Grundströmung. Ein Einzelbrunnen in Grundströmung ist die einfachste Konfiguration zur Sanierung eines kontaminierten Bereiches bzw. zur Abwehr des kontaminierten Abstroms aus einer Altlast (Abb. 9). Sie kann auch verwendet werden, um festzustellen, ob eine Altlast in den Einzugsbereich eines Einzelbrunnens im Abstrom fällt. Für diese Konfiguration lassen sich die Trennstromlinie und die Laufzeit eines Wasserteilchens durch eine geschlossene Formel angeben.

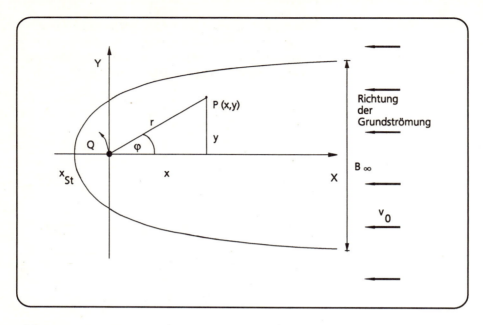

Abb. 9.   Einzelbrunnen in Grundströmung

Die Laufzeit t eines Partikels vom Punkt (x,y) zu einem Entnahmebrunnen bei (0,0), der in einer parallelen Grundströmung mit der Pumprate Q dem Aquifer Wasser entnimmt, läßt sich nach BEAR u. JACOBS (1965) wie folgt ermitteln:

$$t = \frac{n_f \, Q}{2\pi \, m v_0^2} \left[x \frac{2\pi \, m v_0}{Q} - \ln\left(x \frac{\sin(y \, 2\pi \, m v_0 \, / \, Q)}{y} + \cos\left(\frac{y \, 2\pi \, m v_0}{Q}\right) \right) \right]$$

wobei v_0 die Filtergeschwindigkeit der Grundströmung ist. Die Formel ist gültig für $-\pi < 2\pi y m v_0/Q < \pi$. Ist das Argument des Logarithmus für einen gegebenen Startpunkt (x,y) Null oder negativ, existiert keine Ankunftszeit, d.h. der Punkt liegt außerhalb der Trennstromlinie.

Die Gleichung der Trennstromlinie ist gegeben durch

$$0 = \frac{x}{y} \cdot \sin\left(\frac{y \, 2\pi \, m v_0}{Q}\right) + \cos\left(\frac{y \, 2\pi \, m v_0}{Q}\right)$$

Diese Gleichung läßt sich in Polarkoordinaten schreiben als

$$r = - \frac{\varphi}{\sin(\varphi) \, 2\pi \, m \, v_0 \, / \, Q}$$

Analytische Lösungen

Im Unterstrom des Entnahmebrunnens bildet sich ein Staupunkt (Punkt mit Geschwindigkeit Null) aus. Die Lage des Staupunkts bei einem Einzelbrunnen in Grundströmung berechnet sich aus der Entnahmerate Q, Aquifermächtigkeit m und der Filtergeschwindigkeit der Grundströmung v_0 zu

$$x_{St} = \frac{Q}{2 \pi m v_0}$$

und die asymptotische Entnahmebreite zu

$$B_\infty = \frac{Q}{m v_0}$$

Die Auslegung einer *hydraulischen Abwehr- oder Sanierungsmaßnahme* besteht in der Wahl der Position eines Brunnens sowie dessen Entnahmerate. Um eine Kontamination des Abstroms zu verhindern, sollte die gesamte Schadstoffmasse innerhalb der Trennstromlinie des Sanierungsbrunnens zu liegen kommen. Eine optimale Methode zur Wahl von Position und Entnahmerate besteht darin, eine Entnahme mit einer Isochrone zu erzeugen (Abb. 10a), welche die Kontamination möglichst eng umschließt (KINZELBACH u. HERZER 1983).

Bei Unsicherheiten in der Fließrichtung besteht die Gefahr, daß nicht die gesamte Schadstoffmasse von dem Sanierungsbrunnen erfaßt wird (Abb. 10b). In diesem Fall kann eine erhöhte Entnahmerate bei bekannter Schwankungsbreite der Grundwasserfließrichtung Sicherheit herstellen (Abb. 10c, d).

Für die Beurteilung einer Altlast bzw. den Entwurf eines Sanierungsbrunnens ist von entscheidender Bedeutung, daß von einer kontaminierten Fläche nur dann eine Gefährdung z.B. eines Trinkwasserbrunnens ausgehen kann, wenn die Kontamination ganz oder teilweise innerhalb der *Trennstromlinie*, d.h. im Einzugsbereich des Brunnens, liegt. Für ein im Bereich der kontaminierten Fläche startendes Schadstoffpartikel läßt sich dessen Fließzeit zum Brunnen ermitteln.

Das Programm WSG (RAUSCH u. VOSS 1990, s. Kap. 4) berechnet die Trennstromlinie für einen Einzelbrunnen in einer parallelen Grundströmung sowie die *n-Tage-Isochrone* innerhalb der Trennstromlinie.

Beispiel 4: **Bestimmung der Kenngrößen des Einzugsgebiets eines Brunnens mit dem Programm WSG (Wasserschutzgebiet)**

Gegeben sei ein Entnahmebrunnen in einem Aquifer mit paralleler Grundströmung. Die Mächtigkeit des Aquifers beträgt 10 m bei einer Transmissivität von 0,05 m²/s und einer durchflußwirksamen Porosität von 0,1. Der hydraulische Gradient beträgt 1‰ und die Entnahmerate des Brunnens 0,05 m³/s. Es sind der Verlauf der Trennstromlinie sowie die Isochrone für eine Laufzeit von 100 Tagen zu bestimmen.

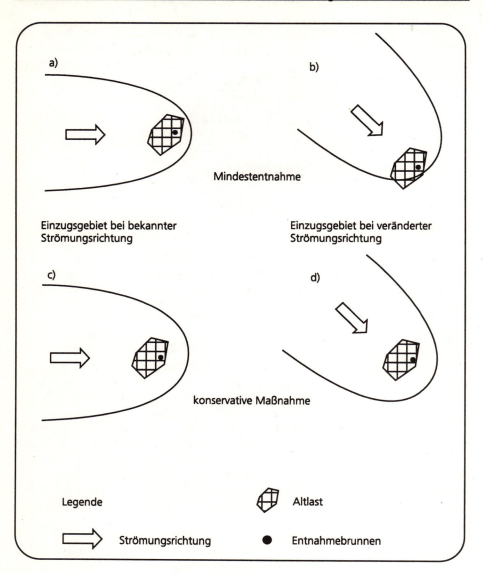

Abb. 10. Einfluß der Grundströmungsrichtung auf das Einzugsgebiet eines Brunnens

Abbildung 11 zeigt das Ergebnis der Berechnung. Es ist die Trennstromlinie sowie die 100-Tage-Isochrone dargestellt. Der Brunnen hat die Koordinaten (0,0). Der Staupunkt liegt bei $x_0 = -159$ m, und die Entnahmebreite beträgt B = 1000 m. Die 100-Tage-Isochrone schneidet die x-Achse bei $x_1 = -155$ m und $x_2 = 700$ m.

Analytische Lösungen 17

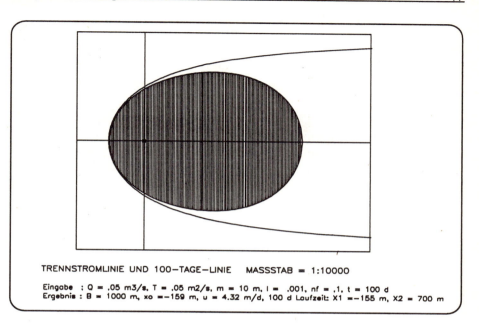

Abb. 11. Ergebnis der Berechnung mit WSG (Beispiel 4)

Es ist zu beachten, daß die Verwendung der o.a. Gleichung zur Bestimmung der Trennstromlinie nur für Entfernungen sinnvoll ist, über die der Beitrag der Grundwasserneubildung zur Entnahmerate klein ist. Für größere Entfernungen gibt TODD (1959) eine Methode zur *Abschätzung der Einzugsgebietsform* an. Danach läßt sich, unter der Voraussetzung einer homogenen Verteilung der Grundwasserneubildung aus dem Niederschlag, das Einzugsgebiet aus den o.g. Gleichungen für die Trennstromlinie in kartesischen bzw. Polar-Koordinaten unter Berücksichtigung der Tatsache gewinnen, daß die Fläche gleich dem Quotienten aus Entnahmerate Q und Grundwasserneubildungsrate GW_{neu} ist.

$$A = \frac{Q}{GW_{neu}}$$

Die Fläche innerhalb der Trennstromlinie wird, beginnend am Staupunkt, numerisch so weit in Richtung Oberstrom integriert, bis sie die angegebene Größe erreicht. Allerdings stellt diese Methode nur eine grobe Näherung dar, da die Grundströmung nur unzureichend berücksichtigt werden kann. Sie gilt nach KINZELBACH et al. (1992) für kleine Werte von Q^*

$$Q^* = \frac{Q}{2\pi\, GW_{neu}\, L^2}$$

wobei L der Abstand des Brunnens vom undurchlässigen Rand (bzw. von der Wasserscheide) ist. Für zuverlässigere Schätzungen muß ein numerisches Modell eingesetzt werden.

Beispiel 5: **Bestimmung der Fließzeit eines Schadstoffteilchens zum Brunnen**

In einem isotropen homogenen Aquifer großer Ausdehnung (Abb. 12) soll für 2 Altablagerungen untersucht werden, ob ein Wasserwerkbrunnen durch eventuell auftretende Auswaschungen gefährdet ist bzw. in welcher Zeit mit einer Gefährdung gerechnet werden muß. Der Aquifer hat eine mittlere Mächtigkeit m = 20 m und eine durchflußwirksame Porosität n_f = 0,15. Der k_f-Wert beträgt 1×10^{-3} m/s und das Grundwassergefälle I = 0,001. Die Entnahmerate des Brunnens beträgt Q = 0,01 m³/s.

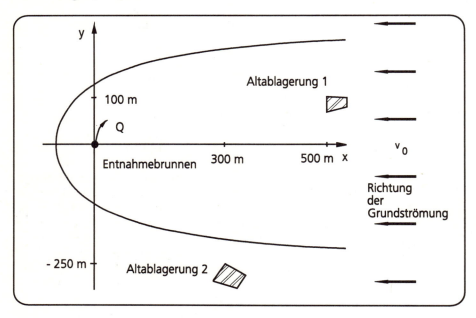

Abb. 12. Lage der Altablagerungen und des Wasserwerkbrunnens

Es ist zu bestimmen, ob die Altablagerungen im Einzugsgebiet des Wasserwerkbrunnens liegen und wie groß die Fließzeit von einer Altablagerung zum Brunnen ist. Die Koordinaten der äußeren relevanten Eckpunkte der Altablagerungen lauten (x_1=500 m, y_1=100 m) und (x_2=300 m, y_2= -250 m).

Lösung:
Die Filtergeschwindigkeit beträgt v_{f0} = 1×10^{-3} m/s × 0,001 = 1×10^{-6} m/s.
Ermittlung der Fließzeiten von den Altablagerungen zum Brunnen:

Altablagerung 1:

$$t_1 = \frac{0{,}15 \cdot 0{,}010}{2 \cdot \pi \cdot 20 \cdot 10^{-12}} \left[500 \frac{2 \cdot \pi \cdot 20 \cdot 10^{-6}}{0{,}010} \right.$$

$$\left. - \ln\left(500 \frac{\sin(100 \cdot 2 \cdot \pi \cdot 20 \cdot 10^{-6} / 0{,}010)}{100} + \cos\left(\frac{100 \cdot 2 \cdot \pi \cdot 20 \cdot 10^{-6}}{0{,}010}\right)\right) \right]$$

$$t_1 = 5{,}56 \cdot 10^7 \text{ s}$$

$$t_1 = 643 \text{ d}$$

Altablagerung 2:
Berechnung des Arguments A des logarithmischen Terms der Formel:

$$A = \left(300 \frac{\sin(-250 \cdot 2 \cdot \pi \cdot 20 \cdot 10^{-6} / 0{,}010)}{-250} + \cos\left(\frac{-250 \cdot 2 \cdot \pi \cdot 20 \cdot 10^{-6}}{0{,}010}\right)\right)$$

$$A = -1$$

Daraus folgt, daß für die zweite Altablagerung keine Ankunftszeit existiert und sie somit auch nicht in das Einzugsgebiet des Wasserwerkbrunnens fällt.

Beispiel 6: **Bestimmung der Einzugsgebiete von 2 Brunnen mit PAT**

Im Bereich eines Aquifers mit 2 Staugrenzen (undurchlässige Ränder) ist eine Altablagerung entdeckt worden. Als Kontaminanten wurden Benzol, Toluol und Xylol festgestellt. Für eine erste Gefährdungsabschätzung soll zunächst untersucht werden, ob die Lage der Kontamination in das Einzugsgebiet von 2 Förderbrunnen eines Wasserwerks fällt. Durch die doppelte Berandung des Aquifers ist die Spiegelung der Entnahmebrunnen erforderlich. Die Berechnung soll daher mit PAT (s. Kap. 3) erfolgen.

Eingabedaten:
Aquiferdaten: $k_f = 0{,}0005$ m/s, $m = 25$ m, $n_f = {,}175$, $I = {,}001$, $a = 0$
Ausdehnung: in x-Richtung unendlich, in y-Richtung 850 m.
                     (Darstellungsfenster in x-Richtung 1700 m, in y-Richtung 850 m)
Die Kontamination liegt in einem Viereck mit den folgenden Koordinaten:
                 $x_1 = 200$ m, $y_1 = 650$ m, $x_2 = 200$ m, $y_2 = 750$ m
                 $x_3 = 350$ m, $y_3 = 750$ m, $x_4 = 350$ m, $y_4 = 650$ m
Entnahmebrunnen: $x_{Br,1} = 1250$ m, $y_{Br,1} = 200$ m, $Q_{Br,1} = 0{,}005$ m³/s
                         $x_{Br,2} = 1250$ m, $y_{Br,2} = 300$ m, $Q_{Br,2} = 0{,}005$ m³/s
Zeitabstände: Zeit zwischen den Markierungen = 365 d

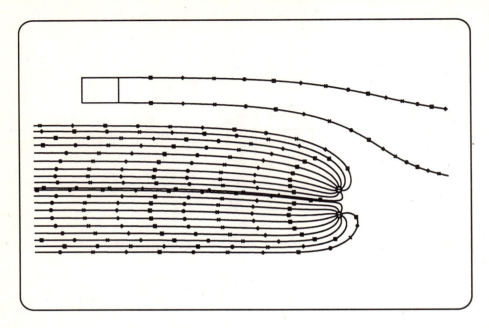

Abb. 13.   Bahnlinien (Beispiel 6)

Aus den in Abb. 13 dargestellten Bahnlinien ist ersichtlich, daß Schadstoffe, die von der Altablagerung in den Abstrom gelangen, nicht in die Einzugsbereiche der Förderbrunnen fallen.

Die Ermittlung der *Fließzeiten* ist nur für den gesättigten Bereich gültig. Für den Fall, daß sich eine Altablagerung, Deponie o.ä. oberhalb des Grundwasserspiegels befindet, muß zusätzlich noch die Fließzeit der Schadstoffe in der ungesättigten Zone berücksichtigt werden (Abb. 14). Die mittlere vertikale Fließzeit im ungesättigten Bereich kann aus dem Quotienten des effektiven Fließweges und der Grundwasserneubildungsrate abgeschätzt werden. Anteile der Sikkerung können jedoch sehr viel schneller das Grundwasser erreichen. Der Fließweg hat die Dimension einer Länge [L], während die Grundwasserneubildungsrate die Dimension einer Geschwindigkeit [L/T] besitzt.

$$t_v = \frac{s \cdot n_f}{GW_{neu}}$$

Eine Vernachlässigung von t_v führt zu Abschätzungen der Mindestlaufzeit, die auf der sicheren Seite liegen.

Analytische Lösungen

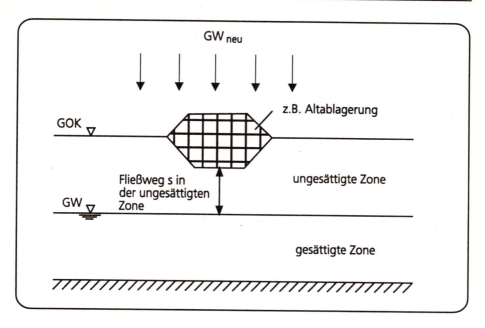

Abb. 14.   Fließweg in der ungesättigten Zone

Brunnenreihe in paralleler Grundströmung

Eine Brunnenreihe quer zur Grundströmung wird dann zur Sanierung eingesetzt, wenn das Fassungsvermögen eines einzelnen Brunnens nicht mehr ausreicht, um eine Schadstoffahne größerer Breite zu erfassen (Abb. 15). Die Unterschreitung des *kritischen Abstands* zwischen den Brunnen ist erforderlich, um zu verhindern, daß ein Teil der Schadstoffe ungehindert nach Unterstrom passieren kann.

Der kritische Abstand zwischen 2-5 Brunnen der Entnahmerate Q ist

$$a_{krit} = k \cdot \frac{Q}{m \cdot v_0}$$

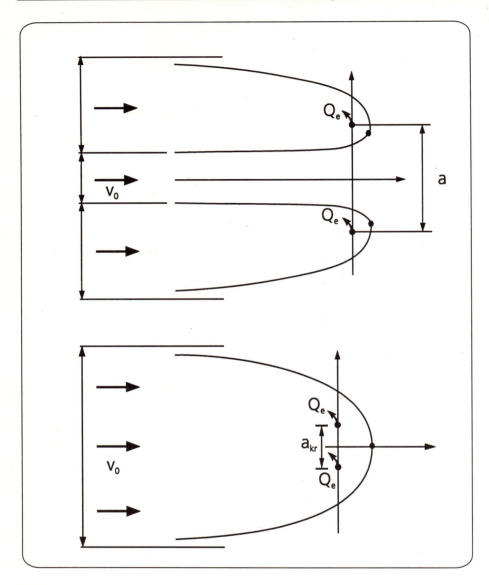

Abb. 15.   Kritischer Abstand zwischen 2 Brunnen

Der Beiwert k ist abhängig von der Anzahl der Brunnen. Für eine Anzahl von 2-5 Brunnen kann der Beiwert der Tabelle 1 entnommen werden. Wenn 6 oder mehr Brunnen vorhanden sind, sollte die Wirksamkeit der Brunnenreihe mit einem Modell untersucht werden.

Analytische Lösungen

Tabelle 1. Beiwerte k in Abhängigkeit von der Anzahl der Brunnen (KAUCH 1982)

Anzahl der Brunnen	2	3	4	5
k	$1/\pi$	0,403	0,463	0,460
		0,403	0,369	0,429
			0,463	0,429
				0,460

Die zugehörige Gesamtentnahmebreite läßt sich im Fall von n Brunnen der Entnahmerate Q ermitteln aus

$$b_\infty = \frac{n \cdot Q}{m \cdot v_0}$$

Entnahmebrunnen und Rückinfiltration im Unterstrom bei hydraulischer Sanierung

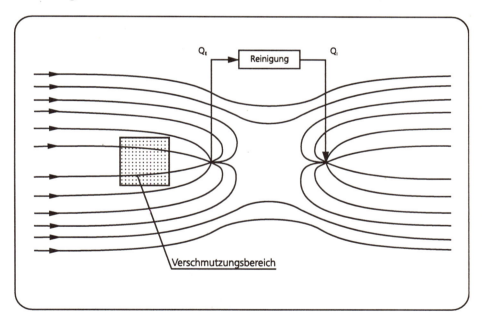

Abb. 16. Grundwasserentnahme mit Rückinfiltration unterstrom

Eine Rückinfiltration gereinigten Grundwassers (Abb. 16) hat den Vorteil der Erhaltung der Grundwassernettobilanz. Vor der Infiltration ist eine Reinigung erforderlich. Ein Nachteil bei jeder Rückinfiltration ist die Gefahr der Versinterung und/oder Verockerung der Infiltrationsbrunnen, wenn eine Wasseraufbereitung fehlt oder nur unzureichend ausgeführt wird. Liegen Entnahmebrunnen und Infiltrationsbrunnen zu nahe beieinander, wird ein Teil des infiltrierten Wassers vom Entnahmebrunnen wieder gefördert (Abb. 17, unten). Es liegt in diesem Fall ein unerwünschter hydraulischer Kurzschluß vor, d.h. der kritische Abstand zwischen Entnahme- und Infiltrationsbrunnen ist unterschritten.

Der kritische Abstand zwischen 2 Brunnen beträgt

$$a_{krit} = \frac{2Q}{\pi \, m \, v_0}$$

Er ist genau dann erreicht, wenn die Staupunkte zusammenfallen (Abb. 17, Mitte). Die Verwendung von Zugabe- und Entnahmebrunnen führt immer zu Staupunkten. Für den Fall, daß $a > a_{krit}$ ist (Abb. 17, oben), berechnet sich der Abstand beider Staupunkte zu

$$x_{St} = \sqrt{\frac{a^2}{4} - a \cdot \frac{Q}{2 \cdot \pi \cdot m \cdot v_0}}$$

Ist $a < a_{krit}$, so bildet sich ein Rückstrombereich mit 2 seitlichen Trennstromlinien aus (Abb. 17, unten; Abb. 18). Der maximale Abstand von der Brunnenachse ist

$$y_s = \sqrt{\frac{Q}{\pi \cdot m \cdot v_0} \cdot \frac{a}{2} - \frac{a^2}{4}}$$

Der Rückströmanteil zwischen den Brunnen bei $a < a_{krit}$ ist gegeben durch

$$\frac{Q_R}{Q} = \frac{2}{\pi} \left[\arctan \left(\sqrt{\frac{a_{krit}}{a} - 1} \right) - \frac{a}{a_{krit}} \sqrt{\frac{a_{krit}}{a} - 1} \right]$$

Dabei müssen Infiltrations- und Entnahmebrunnen auf einer Achse parallel zur mittleren Fließrichtung des Grundwassers liegen.

Analytische Lösungen

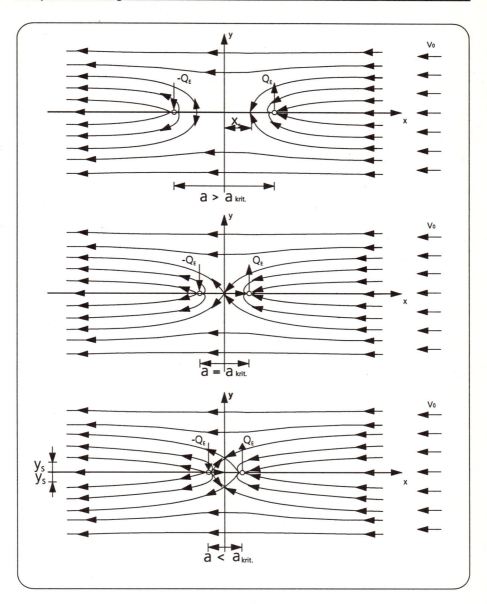

Abb. 17. Grundwasserentnahme mit Rückinfiltration im Unterstrom

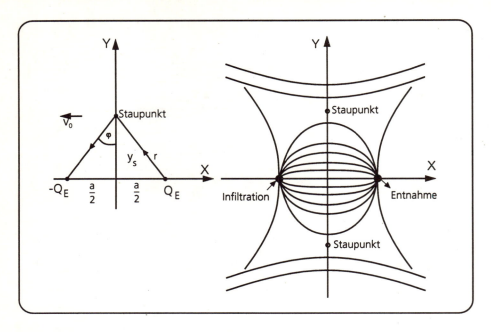

Abb. 18. Seitliche Staupunktlage bei Kurzschluß

Entnahmebrunnen und Rückinfiltration im Oberstrom
Ein Entnahmebrunnen und ein Infiltrationsbrunnen im Oberstrom führen zu einer Sanierungsinsel, in der das Wasser im Kreislauf zirkuliert, während der natürliche Grundwasserstrom die Sanierungsinsel seitlich umströmt (Abb. 19). Es wird somit ein lokaler Kurzschlußbereich erzeugt, in dem aufgrund der dort herrschenden Strömungsgeschwindigkeiten eine bessere Spülwirkung und somit eine kürzere Sanierungszeit erzielt werden kann. Die Kontamination sollte dabei vollständig innerhalb der Trennstromlinie liegen. Außerdem läßt sich mit Hilfe eines Infiltrationsbrunnens ein gelöster Elektronenakzeptor (z.B. Sauerstoff oder Nitrat) zur Anregung der biologischen Untergrundaktivität in den Aquifer einbringen. Der jeweilige Staupunktsabstand vom Entnahme- bzw. Infiltrationsbrunnen beträgt

$$x_{St} = \sqrt{\frac{a^2}{4} + a \cdot \frac{Q}{2 \cdot \pi \cdot m \cdot v_0}} - \frac{a}{2}$$

wobei a der Abstand zwischen den beiden Sanierungsbrunnen ist (KOBUS u. RINNERT 1981). Die Breite der Sanierungsinsel läßt sich errechnen aus

$$b = a \cdot \tan\left(\frac{-b \cdot \pi \cdot m \cdot v_0}{2 \cdot Q} + \frac{\pi}{2}\right)$$

Analytische Lösungen

Hierbei handelt es sich um eine implizite Formel für b, die iterativ gelöst werden muß.

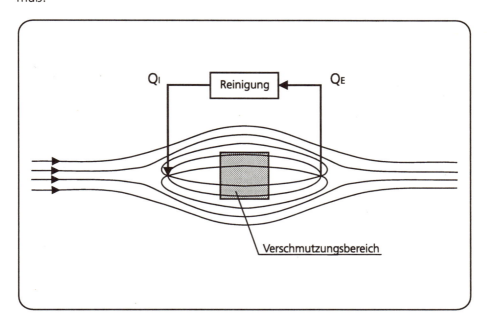

Abb. 19. Grundwasserentnahme mit Rückinfiltration oberstrom (Sanierungsinsel)

Ist die Verbindungslinie der beiden Brunnen nicht parallel zur Grundströmungsrichtung, so entsteht kein perfekter Kreislauf. Zur vollständigen Erfassung der Kontamination muß dann eine größere Entnahmerate gewählt werden.

Beispiel 7: Berechnung der Trennstromlinien bei einer Grundwasserentnahme mit Rückinfiltration und unterschiedlicher Richtung der Grundströmung (mit PAT)

Für ein kontaminiertes Areal ist eine hydraulische Sanierungsmaßnahme entworfen worden. Unter der Voraussetzung, daß das entnommene Grundwasser wieder vollständig infiltriert wird, ist mit dem Programm PAT zu überprüfen, wie sich die Sanierungsmaßnahme bei unterschiedlicher Richtung der Grundströmung verhält.

Eingabedaten:

Aquiferdaten: $k_f = 0{,}0005$ m/s, $m = 25$ m, $n_f = 0{,}1$, $I = 0{,}0005$, $a = 90°$ bzw. $45°$, Ausdehnung unendlich, Fenster in x- und y-Richtung jeweils 1000 m

Brunnendaten: 4 Infiltrationsbrunnen mit jeweils Q_i = 0,0025 m³/s, 1 Entnahmebrunnen mit Q_e = -0,010 m³/s.

Die Abstände der Infiltrationsbrunnen betragen 360 m.

Die Ergebnisse der Berechnungen sind in den Abb. 20 und 21 dargestellt. Sie zeigen, daß die Anordnung der Brunnen relativ unempfindlich gegenüber Schwankungen der Grundströmung ist. Die Kurzschlußbereiche zwischen Entnahme- und Infiltrationsbrunnen bleiben auch bei veränderter Grundwasserströmungsrichtung stabil.

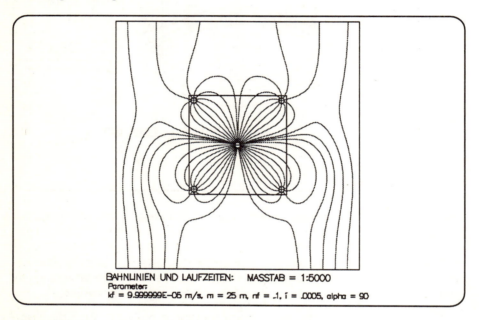

Abb. 20. Anströmung unter 90° (von unten)

Analytische Lösungen

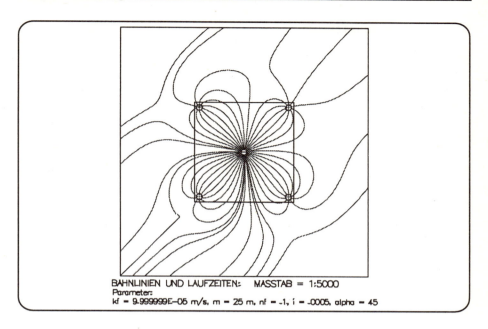

Abb. 21. Anströmung unter 45°

Fassungsvermögen

Das Fassungsvermögen eines Brunnens ist nach SICHARDT (1928) die maximale Entnahmerate, die der Brunnen durch seine Filterfläche aufnehmen kann unter der Voraussetzung, daß an der Mantelfläche des Brunnens das Grenzgefälle i_{max} auftritt. Das Fassungsvermögen ist größer oder gleich der dem Brunnen tatsächlich zufließenden Entnahmerate. Die Ermittlung des Fassungsvermögens dient der Überprüfung der Dimensionierung eines Entnahmebrunnens. Das Fassungsvermögen eines Entnahmebrunnens läßt sich bestimmen aus der maximalen Filtergeschwindigkeit am Brunnenrand v_{max} und der durchflossenen Fläche.

$$f = v_{max} \cdot A_{Rand} = k_f \cdot i_{max} \cdot 2 \cdot \pi \cdot r_B \cdot h_B$$

mit r_B: Brunnenradius
      h_B: Standrohrspiegelhöhe im Brunnen, bezogen auf die Aquifersohle
      i_{max}: Grenzgefälle

Das Grenzgefälle läßt sich nach SICHARDT (1928) berechnen zu

$$i_{max} = \frac{1}{15 \sqrt{k_f \ [m/s]}}$$

Dabei ist zu beachten, daß diese Formel nicht dimensionsecht ist.

2.3 Bodenluftabsaugung

Eine Gefährdung des Grundwassers kann auch von einer flüssigen oder gasförmigen Schadstoffphase in der ungesättigten Zone ausgehen. Somit kann eine *Entfernung der Schadstoffe aus der ungesättigten Zone* eine Gefährdung des Grundwassers erheblich mindern. Ob eine Kontamination mit Hilfe der Bodenluftabsaugung saniert werden kann, läßt sich anhand von Schätzformeln nach JOHNSON et al. (1990) überprüfen. Bei darauf basierenden *Berechnungen der Sanierungszeit* ist jedoch zu beachten, daß sich nach dem ersten Luftaustausch insbesondere bei hohen Absaugraten nicht mehr überall im Boden die Sättigungskonzentration einstellen wird und daher die tatsächliche Sanierungszeit größer ist. Die Gleichgewichtskonzentration c_e in der Bodenluft kann aus dem Siedepunkt des Stoffes bzw. des Stoffgemischs und dessen Molekulargewicht berechnet werden

$$c_e = \frac{p_v \cdot M_w}{R_G \cdot \Theta}$$

mit

- p_v: Dampfdruck des Stoffes bei Temperatur Θ
- M_w: Molekulargewicht des Stoffes bzw. Stoffgemischs
- R_G: allgemeine Gaskonstante
- Θ: absolute Temperatur der Bodenluft

Die entsprechenden Werte einiger ausgesuchter Stoffe sind in Tabelle 2 aufgeführt. Unter der Annahme, daß die Bodenluft während der gesamten Verdunstungsphase mit dieser Konzentration c_e entnommen werden kann, läßt sich die Austragsrate des Schadstoffs R_e bei einer Luftentnahmerate Q bestimmen zu

$$R_e = c_e \cdot Q$$

Die erforderliche Entnahmerate R_{erf}, die zur Sanierung einer Schadstoffmasse M in der Zeit t notwendig ist, berechnet sich zu

$$R_{erf} = \frac{M}{t}$$

bzw. kann die Schadstoffmasse M, die der Bodenluft entzogen wird, aus der geschätzten Entnahmerate und der Sanierungszeit ermittelt werden.

$$M = R_t \cdot t = c_e \cdot Q \cdot t$$

Diese Formeln können allerdings nur einer groben Abschätzung dienen. Tatsächlich ist die Sanierungszeit größer, da sich nach dem ersten Luftaustausch, insbesondere bei hohen Absaugraten, nicht mehr überall im Boden die Sättigungskonzentration einstellen wird.

Analytische Lösungen

Tabelle 2. Sanierungsrelevante Eigenschaften von leichtflüchtigen Stoffen (JOHNSON et al. 1988)

Verbindung (Stoff)	M_w [g/mol]	T_b (1 atm) [°C]	$p_v°$ 20°C [atm]	c_e [mg/l]
n-Pentan	72,2	36	0,57	1700
n-Hexan	86,2	69	0,16	560
Trichlorethan	133,4	75	0,132	720
Benzol	78,1	80	0,1	320
Cyclohexan	84,2	81	0,1	340
Trichlorethen	131,5	87	0,026	140
n-Heptan	100,2	98	0,046	190
Toluol	92,1	111	0,029	110
Tetrachlorethen	166	121	0,018	130
n-Oktan	114,2	126	0,014	65
Chlorbenzol	113	132	0,012	55
p-Xylol	106,2	138	0,0086	37
Ethylbenzol	106,2	138	0,0092	40
m-Xylol	106,2	139	0,0080	35
o-Xylol	106,2	144	0,0066	29
Styrol	104,1	145	0,0066	28
n-Nonan	128,3	151	0,0042	22,0
n-Propylbenzol	120,2	159	0,0033	16
1,2,4-Trimethylbenzol	120,2	169	0,0019	9,3
n-Decan	142,3	173	0,0013	7,6
DBCP	263	196	0,0011	11
n-Undekan	156,3	196	0,0006	3,8
n-Dodekan	170,3	216	0,00015	1,1
Naphtalin	128,2	218	0,00014	0,73
Bleitetraethen	323	zerfällt bei 200°C	0,0002	2,6
Benzin	95	-	0,34	1300
gealtertes Benzin	111	-	0,049	220

T_b (1 atm): Siedepunkt bei 1 atm
M_w: Molekulargewicht
$p_v°$ 20°C: Dampfdruck bei 20 °C
c_e: Gleichgewichtskonzentration der Gasphase bei 20°C

Realistischere Luftentnahmeraten pro Meter Filterstrecke des Entnahmebrunnens können mit folgender Formel berechnet werden (JOHNSON et al. 1990)

$$\frac{Q}{H} = \pi \frac{k}{\eta_L} p_B \frac{1 - (p_{atm}/p_B)^2}{\ln(r_B/r_E)}$$

wobei

- Q: Luftentnahmerate
- H: Länge der Filterstrecke
- k: Permeabilität des Bodens bezüglich der Luftströmung
- η_L: dyn. Viskosität der Luft = 0,0181 g/(m×s)
- p_B: absoluter Druck im Entnahmebrunnen
- p_{atm}: absoluter Luftdruck ≈ 1,013×108 g/(m×s²)
- r_B: Radius des Entnahmebrunnens
- r_E: Radius des Einflußbereiches des Entnahmebrunnens

Wenn die Permeabilität k gemessen oder abgeschätzt werden kann, ist der Radius r_E die einzige unbekannte Größe. HUTZLER et al. (1988) geben für eine Anzahl verschiedener Böden als Größenordnung r_E = 9 bis 30 m an. Die Gleichung ist jedoch nicht sehr empfindlich bezüglich Veränderungen von r_E, da dieser Radius als logarithmierter Wert in die Gleichung eingeht.

Beispiel 8: Bestimmung der maximal entziehbaren Schadstoffmasse bei einer Bodenluftabsaugungsmaßnahme

Eine Kontamination in der ungesättigten Zone mit Tetrachlorethen (Per) soll in einem Jahr saniert werden. Die Bodenluft kann mit einer Luftrate von 1 l/s abgesaugt werden. Die Temperatur des Bodens beträgt 10°C. Wie groß ist maximal die nach einem Jahr entnommene Schadstoffmasse?

Lösung:
Aus Tabelle 2 wird das Molgewicht von Per abgelesen: M_w = 166 g/mol. Der Dampfdruck von Per beträgt bei 10°C p_v = 7 mm Hg (MONTGOMERY u. WELKOM 1990). Das entspricht p_v = 1197 N/m². Die allgemeine Gaskonstante ist R_G = 8,31441 Nm/(mol×K) und die absolute Temperatur Θ = 273,15 + 10 = 283,15 K. Damit ist

$$c_e = \frac{1197 \cdot 166}{8,31441 \cdot 283,15} = 85 \, g/m^3$$

Mit einer Luftentnahmerate Q = 1 l/s kann dem Boden

$$R_e = 85 \cdot 1 \cdot 3,6 \approx 300 \, g/h$$

entnommen werden. Nach einem Jahr kann dem Boden insgesamt maximal eine Schadstoffmasse

$$M = 300 \cdot 10^{-3} \cdot 1 \cdot 365 \cdot 24 = 2630 \, kg$$

entzogen werden. Bei Verwendung einer Abnahmefunktion der Konzentration in der Bodenluft über das Jahr ergibt sich nur der entsprechende Bruchteil dieses Werts.

2.4 Nichtmischbare Flüssigkeiten/Kapillarität/Restsättigung

Eine Vielzahl von Grundwasserkontaminationen wird durch Mineralölprodukte verursacht. Dabei spielen Altlasten auf Raffineriestandorten, Flughäfen und militärischen Einrichtungen eine große Rolle. Mineralölprodukte zählen zu den mit Wasser nichtmischbaren Flüssigkeiten und zeichnen sich durch eine geringere Dichte als Wasser aus, während ihre Viskosität größer ist als die des Wassers. Mit Wasser nichtmischbare Flüssigkeiten sind aber auch z.B. chlorierte Lösemittel oder aromatische und aliphatische Kohlenwasserstoffe. Das *Verhalten der Schadstoffe im Untergrund* läßt sich vereinfachend durch die im folgenden dargestellten Formeln beschreiben.

Die Eindringtiefe $z_ö$ eines Schadstoffs mit geringerer Dichte als Wasser in den Boden kann nach MULL et al. (1969) aus dem infiltrierten Ölvolumen $V_ö$, der Infiltrationsfläche A auf der Geländeoberkante und dem Festhaltevermögen des Porenvolumens $R_ö$ (auch Restsättigung genannt) abgeschätzt werden.

$$z_ö = \frac{V_ö}{A \cdot R_ö}$$

Erreicht das Öl den Kapillarsaum bzw. die Grundwasseroberfläche, breitet sich der Schadstoff auf der Oberfläche aus. Die maximale Ausdehnung A_{gr} auf dem Grundwasserspiegel kann nach folgender Formel abgeschätzt werden:

$$A_{gr} = \frac{V_ö - A \cdot z_{GW} \cdot R_ö}{d_ö}$$

mit

z_{GW}: Grundwasserflurabstand
$d_ö$: Ölschichtdicke

Typische Werte für $R_ö$ und $d_ö$ sind in Tabelle 3 angegeben. Sie ist gültig für Produkte mit kinematischer Viskosität $\nu = 2 \times 10^{-6}$ bis 6×10^{-6} m²/s, z.B. Dieselkraftstoff, Kerosin, leichtes Heizöl. Bei geringerer Viskosität (z.B. Benzin) sind die Werte etwa um die Hälfte zu reduzieren, bei höherer Viskosität zu erhöhen.

Nach CONCAWE (1974) wird die Eindringtiefe durch Division und die Ausbreitung durch Multiplikation mit einem Korrekturfaktor k korrigiert. Der Korrekturfaktor beträgt

k = 0,5   für gering viskose Erdölprodukte, z.B. Benzin,
k = 1   für Kerosin, schwere Heizöle und Erdölprodukte mit ähnlichen Viskositäten und
k = 2   für höher viskose Öle, z.B. leichtes Heizöl.

Tabelle 3. Richtwerte zur Berechnung der Ausbreitung von Öl (MULL et al. 1969)

Bodenart	Durchlässigkeit k_f [m/s]	Festhaltevermögen des Porenvol. für Öl $R_ö$ [-]	Ölschichtdicke d_A [m]
Block, Geröll, Grobkies	$> 1 \times 10^{-2}$	0,005	> 0,005
Kies, Grobsand	$1 \times 10^{-2} - 1 \times 10^{-3}$	0,008	0,008
Grobsand, Mittelsand	$1 \times 10^{-3} - 1 \times 10^{-4}$	0,015	0,012
Mittelsand, Feinsand	$1 \times 10^{-4} - 1 \times 10^{-5}$	0,025	0,020
Feinsand, schluffig	$1 \times 10^{-5} - 1 \times 10^{-7}$	0,040	0,040

Die durchschnittliche horizontale Fließgeschwindigkeit des Öls $v_ö$ läßt sich bestimmen zu

$$v_ö = \frac{k_f \cdot k_r \cdot v_w}{R_ö \cdot v_ö} \cdot I$$

wobei

k_f: hydraulische Leitfähigkeit
k_r: relative Durchlässigkeit
v_w: kin. Viskosität des Wassers
$v_ö$: kin. Viskosität des Öls
I: Grundwassergefälle

Die relative Durchlässigkeit ist abhängig vom Boden. Die Werte für einen Sandboden lassen sich aus dem Diagramm (Abb. 22) ablesen (BUSCH et al. 1993).

Analytische Lösungen

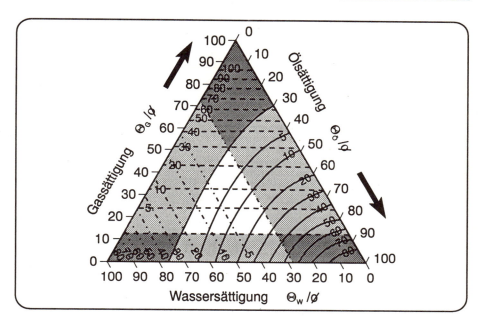

Abb. 22. Relative Durchlässigkeiten für Öl, Gas und Wasser in einem Sand bei verschiedenen Sättigungen des Porenraums bezüglich dieser Phasen

Die Mobilisierbarkeit von nichtmischbaren Fluiden ist abhängig von der Permeabilität k, dem hydraulischen Gradienten I und der Kapillarzahl N_c, die nach MERCER u. COHEN (1990) definiert ist als

$$N_c = \frac{k \cdot \rho_w \cdot g}{\sigma} \cdot I$$

wobei
- g: Erdbeschleunigung
- σ: Oberflächenspannung des Fluids

Der für die Mobilisierung erforderliche hydraulische Gradient kann bei gegebener Permeabilität und Kapillarzahl aus dem Diagramm (Abb. 23) abgelesen werden. Der Wert N_c^* kennzeichnet dabei den Beginn der Bewegung und N_c^{**} die Kapillarzahl, bei der eine totale Entfernung der Kohlenwasserstoffe bis auf die immobile Restsättigung möglich ist.

Für nichtmischbare Fluide mit einer Dichte > 1 (z.B CKW) liegen Anhaltswerte für die Restsättigung vor (MELUF 1983). In Tabelle 4 sind Restsättigungswerte für CKW angegeben (MELUF 1983). Die Werte für die ungesättigte Zone gelten jedoch nur im Anfangsstadium der Ausbreitung, d.h. vermutlich nur in den ersten Wochen und in gut durchlässigen Böden vielleicht nur in den ersten

Tagen, da durch die Verdunstung die CKW-Phase mehr oder weniger rasch abnimmt.

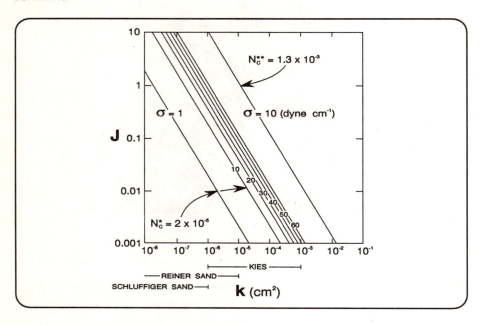

Abb. 23. Erforderlicher hydraulischer Gradient zur Mobilisierung nicht mischbarer Fluide

Tabelle 4. Restsättigungswerte für CKW (MELUF 1983)

Durchlässigkeit k_f [m/s]	Restsättigung ungesättigte Zone [l/m³]	Restsättigung gesättigte Zone [l/m³]
1×10^{-4}	30	50
1×10^{-3}	12	20
1×10^{-2}	3	5

Wenn der Nachschub ausreicht, um in der ungesättigten Zone bis zum Grundwasserspiegel das Festhaltevermögen (Restsättigung) zu überschreiten, so kann es zum Eindringen einer Flüssigkeit auch in den gesättigten Bereich kommen.

Damit ein nichtmischbares Fluid in die gesättigte Zone eindringen kann, ist ein Mindestdruck notwendig. Dieser wird durch die folgende Formel ausgedrückt (MERCER u. COHEN 1990). Er ist in Form der Höhe z_n einer gesättigten Flüssigkeitssäule angegeben. Diese kritische Höhe, die zum Eindringen in die wassergesättigte Zone notwendig ist, berechnet sich zu:

$$z_n = \frac{2 \cdot \sigma \cdot \cos \phi}{r \cdot g (\rho_n - \rho_w)}$$

Analytische Lösungen 37

wobei

- ϕ: Benetzungswinkel
- ρ_n: Dichte einer mit Wasser nicht mischbaren Flüssigkeit
- ρ_w: Dichte des Wassers
- r: Porenradius

Der Benetzungswinkel kann über die Beziehung

$$\cos \phi = \frac{(\sigma_{ns} - \sigma_{ws})}{\sigma_{nw}}$$

ermittelt werden, wobei

- σ_{ns}: Grenzschichtspannung zwischen Fluid und Bodenkorn
- σ_{ws}: Grenzschichtspannung zwischen Wasser und Bodenkorn
- σ_{nw}: Grenzschichtspannung zwischen Fluid und Wasser

Die Benetzungswinkel einiger nicht mischbarer Fluide finden sich z.B. in MERCER u. COHEN (1990). Beispiele sind in Tabelle 5 angegeben.

Tabelle 5. Benetzungswinkel einiger nichtmischbarer Fluide (MERCER u. COHEN 1990)

Nichtmischbares Fluid	Boden	Benetzungswinkel [°]
Tetrachlorethen	Fein- bis Mittelsand	33-45
Tetrachlorethen	Dolomit	16-21
Tetrachlormethan	Ton	27-31
Chlorbenzol	Ton	27-34
Trichlormethan	Ton	29-31

Beispiel 9: **Bestimmung der Eindringtiefe und der maximalen Ausbreitung von Dieselkraftstoff**

Aus defekten Fässern einer Altablagerung versickerten 18 m³ Dieselkraftstoff auf einer Fläche von 6 m x 12,50 m. Der Boden besteht aus Grob- und Mittelsand. Der Grundwasserflurabstand beträgt 10 m. Wie tief dringt der Dieselkraftstoff in das Erdreich ein, und wie groß ist seine maximale Ausdehnung auf dem Grundwasserspiegel?

Lösung:
Mit einem Festhaltevermögen $R_ö$ = 0,015 nach Tabelle 3 beträgt die Eindringtiefe

$$z_ö = \frac{18}{6 \cdot 12,50 \cdot 0,015} = 16\,m$$

Die Eindringtiefe ist größer als der Grundwasserflurabstand, d.h. das Öl erreicht den Grundwasserspiegel. Mit der Ölschichtdicke $d_ö = 0,012$ m ergibt sich die maximale Ausbreitung des Öls im Untergrund zu

$$A_{gr} = \frac{18 - 6 \cdot 12,50 \cdot 10 \cdot 0,015}{0,012} \approx 560 \ m^2$$

2.5 Advektion und Diffusion

Advektion und Diffusion sind zwei grundlegende physikalische Transportprozesse eines gelösten Schadstoffes im Grundwasser.

Die *Advektion* ist die Bewegung des gelösten Stoffes mit der mittleren Richtung und Abstandsgeschwindigkeit der Grundwasserströmung. Der gelöste Stoff wird mit der Abstandsgeschwindigkeit v_a transportiert. Der advektive Transport ist also abhängig von der Richtung der Grundwasserströmung und der Größe der Abstandsgeschwindigkeit. Beide Größen werden dabei als Mittelwerte über repräsentative Volumina angesehen. Die Konzentrationsfront würde sich bei rein advektivem Transport ohne Veränderung ihrer Kontur bewegen (Abb. 24).

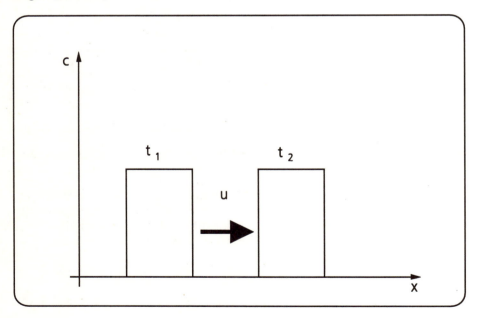

Abb. 24. Advektiver Transport

Analytische Lösungen

Der advektive Stofffluß durch eine Fläche A wird aus der mittleren Konzentration berechnet zu

$$J = A \cdot n_f \cdot \overline{u} \cdot \overline{c}$$

Die molekulare *Diffusion* bewirkt unabhängig von Richtung und Betrag der Strömungsgeschwindigkeit des Grundwassers einen Ausgleich von Konzentrationsunterschieden. Infolge der Brownschen Molekularbewegung gelangen gelöste Schadstoffmoleküle von Orten höherer Konzentration zu Orten mit niedriger Konzentration. Die in alle Richtungen wirkende Ausbreitung führt zu einer Vermischung. Sie wird durch das *Ficksche Gesetz* beschrieben.

$$\vec{j} = -D_m \cdot \nabla c$$

Der diffusive Stofffluß in eine vorgegebene Richtung, z.B. x-Richtung, ist dann

$$J_x = -A \cdot n \cdot D_m \cdot \frac{\partial c}{\partial x}$$

mit

- n: Porosität
- D_m: Diffusionskoeffizient
- $\partial c/\partial x$: Konzentrationsgradient in x-Richtung

Die Messung von *Diffusionskoeffizienten* ist schwierig. Alternativ können Schätzungen mit Hilfe von empirischen Formeln vorgenommen werden. LYMAN et al. (1982) empfehlen zur Berechnung des molekularen Diffusionskoeffizienten für organische Verbindungen bei freier Diffusion in Wasser die Formel nach HAYDUK u. LAUDIE, die nur die Ermittlung des Molvolumens nach LeBas (Tabelle 6) erfordert

$$D_m = \frac{13{,}26 \cdot 10^{-5}}{\eta_w^{1{,}14} \cdot V_m^{0{,}589}}$$

mit

- η_w: dynamische Viskosität des Wassers in Abhängigkeit von der Temperatur in [cp], wobei 1 cp = 10^{-3} Pa·s = 10^{-3} Ns/m²
- V_m: Molvolumen nach LeBas in [cm³/mol]

Tabelle 6. Beiträge der Einzelatome einer Verbindung zum Molvolumen nach LeBas (REID et al. 1977)

Atom	Inkrement [cm³/mol]
C	14,8
H	3,7
O	7,4
O in Methylester und Ether	9,1
O in Ethylester und Ether	9,9
O in höheren Ester und Ether	11,0
O in Säuren	12,0
O in Verbindung mit S, P, N	8,3
N doppelte Bindung	15,6
N in primären Aminen	10,5
N in sekundären Aminen	12,0
Br	27,0
Cl	24,6
F	8,7
I	37,0
S	25,6
Ring	
3wertig	-6,0
4wertig	-8,5
5wertig	-11,5
6wertig	-15,0
Naphtalin	-30,0
Anthrazen	-47,5

Beispiel 10: Bestimmung des Diffusionskoeffizienten von Anilin in Wasser

Es ist der Diffusionskoeffizient von Anilin (Aminobenzol) zu bestimmen. Die chemische Formel für Anilin ist $C_6H_5NH_2$. Die dynamische Viskosität des Wassers bei einer Temperatur von 10°C ist $\mu_w = 1{,}307$ cp. Aus Tabelle 6 folgt für

$$6\,C = 6 \cdot 14{,}8 \quad = 88{,}8 \ [cm^3/mol]$$
$$7\,H = 7 \cdot 3{,}7 \quad = 25{,}9 \ [cm^3/mol]$$
$$1\,N = 1 \cdot 10{,}5 \quad = 10{,}5 \ [cm^3/mol]$$
$$1\ \text{6-wertiger Ring} \quad = -15{,}0 \ [cm^3/mol]$$

Analytische Lösungen

Die Summe aus den vier Anteilen ist das LeBas Molvolumen: $V_m = 110,2$ [cm³/mol]. Damit ist der Diffusionskoeffizient

$$D_m = \frac{13,26 \cdot 10^{-5}}{1,307^{1,14} \cdot 110,2^{0,589}} = 6,1 \cdot 10^{-6} \text{ cm}^2/s$$

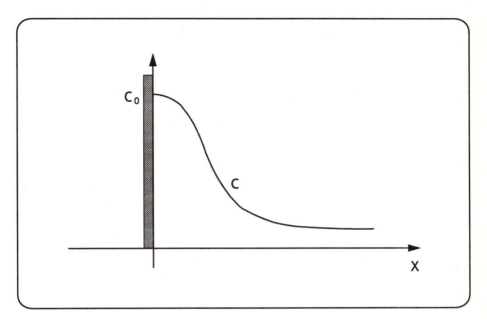

Abb. 25.   Rein diffusiver Transport

Eine nützliche Formel für den rein diffusiven Transport aus einer Fläche konstant gehaltener Konzentration c_0 in die zu der Fläche senkrechten Richtung (Abb. 25) ist gegeben durch

$$c(x,t) = c_0 \cdot erfc\left(\frac{x}{2\sqrt{D_m t}}\right)$$

wobei erfc das komplementäre Gaußsche Fehlerintegral ist. Die Lösung dieses Integrals kann mit Hilfe Tabelle 9 (s. 2.10) erfolgen. Sie geht davon aus, daß zur Zeit t = 0 die Konzentration für alle x > 0 Null ist, d.h. c(x,0) = 0.

In der Literatur (z.B. LUCKNER u. SCHESTAKOW 1986; TINSLEY 1979) sind die molekularen Diffusionskoeffizienten vieler in Wasser diffundierender Stoffe tabellarisch aufgelistet. In Tabelle 7 sind einige Werte nach LUCKNER u. SCHESTAKOW (1986) exemplarisch angegeben.

Tabelle 7. Molekulare Diffusionskoeffizienten einiger ausgewählter Stoffe im Wasser bei p = 1 bar

Diffundierender Stoff	D_m [10^{-9} m²/s]	Wassertemperatur [°C]
O_2	1,3	10
O_2	2,0	20
Na^+	1,3	20
Cl^-	2,0	20
NaCl	1,2	18
NH_4^+	1,8	15
HCOOH	1,1	12
CH_3COOH	0,9	12
CH_3OH	1,3	20

Bei freier Diffusion in Wasser ist D_m größer als D_m im porösen Medium. Deshalb muß der freie molekulare Diffusionskoeffizient mit dem Tortuositätsfaktor τ korrigiert werden

$$D_{m,\,Aquifer} = \tau \cdot D_{m,\,Wasser}$$

Nach LUCKNER u. SCHESTAKOW (1986) ist für Lockergestein $\tau = 0,5$ bis 0,7 und für Festgestein $\tau = 0,25$ bis 0,50. BEAR (1972) gibt generell für nicht konsolidierte Böden einen Wert $\tau = 0,62$ an.

Der Anteil, der per *molekularer Diffusion* im Grundwasser transportiert wird, ist sehr klein und kann i.allg. vernachlässigt werden, wenn die Abstandsgeschwindigkeit der Grundströmung groß ist, d.h. u > 0,10 m/d. Bei stagnierendem Grundwasser ist die Diffusion der einzige wesentliche *Transportprozeß*. In gering durchlässigen Schichten wie z.B. in Tonschichten und mineralischen Abdichtungen ist der konvektive Transport in der Regel geringer als der Transport durch die molekulare Diffusion. Im strömenden Grundwasser wird die Vermischung hauptsächlich durch die Dispersion verursacht, die im nächsten Kapitel diskutiert wird.

Beispiel 11: Bestimmung des advektiven und diffusiven Stoffflusses

Für eine 1 m mächtige und gering durchlässige Deponiesohle mit einer durchflußwirksamen Porosität $n_f = 0,1$ und einer Durchlässigkeit $k_f = 1 \times 10^{-9}$ m/s sollen der advektive und der diffusive Stofffluß für CKW ($D_m = 10^{-9}$ m²/s) berechnet werden (Abb. 26). Außerdem ist zu bestimmen, in welcher Zeit die Deponiesohle durchdrungen wird. Die Wassersäule über der Deponiesohle liege 0,1 m höher als der Grundwasserspiegel außerhalb der Deponie. Außerdem darf angenommen werden, daß durch Verdünnung des Schadstoffs in der Strömung unterhalb der Sohle der Konzentrationsgradient in der Sohlschicht konstant erhalten bleibt.

Analytische Lösungen

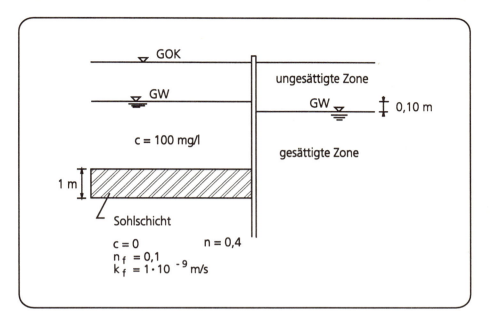

Abb. 26. Vertikaler Schnitt (Beispiel 11)

Lösung:
Hydraulischer Gradient: I = 0,10 m/1,0 m = 0,1
Filtergeschwindigkeit: $v_f = 10^{-9}$ m/s × 0,1 = 10^{-10} m/s = 8,64×10^{-6} m/d
Abstandsgeschwindigkeit: v_a = 8,64×10^{-6} m/d / 0,1 = 8,64×10^{-5} m/d
Zeit zum konvektiven
Durchströmen der Sohle: t = 1,0 m/8,64×10^{-5} m/d = 11600 d = 32 a
Diffusionszeit: Die Sohle gilt als durchdrungen, wenn $c_{außen}$ = 0,1 × c_{innen}.

Es folgt mit erfc(x) = 1 - erf(x)

$$0,1 = 1 - erf\left(\frac{x}{2\sqrt{D_m t}}\right)$$

$$erf\left(\frac{x}{2\sqrt{D_m t}}\right) = 0,9$$

aus Tabelle 7 ergibt sich für: erf (1,16) = 0,9, daraus folgt

$$t = \frac{x^2}{(2 \cdot 1,16)^2 \cdot D_m} = \frac{1^2 \, m^2}{2,32^2 \cdot 10^{-9} \, m^2/s} = 1,86 \cdot 10^8 \, s = 6 \, a$$

Advektiver Stofffluß pro 1 m²:

$$j_a = 0{,}1 \times 8{,}64 \times 10^{-5} \text{ m/d} \times 100 \text{ mg/l} \times 1000 \text{ l/m}^3 = 0{,}86 \text{ mg/(d} \cdot \text{m}^2)$$

Mit einer Porosität der Sohlschicht von n = 0,4 ergibt sich:

Diffusiver Stofffluß pro 1 m²:

$$j_d = 0{,}4 \times 10^{-9} \text{ m}^2/\text{s} \times 100.000 \text{ mg/m}^3/1 \text{ m} \times 86400 \text{ s/d} = 3{,}6 \text{ mg/(d} \cdot \text{m}^2)$$

mit $\tau = 0{,}7$ für Lockergestein: $j_d = 0{,}7 \times 3{,}6 = 2{,}5 \text{ mg/(d} \cdot \text{m}^2)$

Der diffusive Stofffluß ist demnach etwa 3mal so groß wie der advektive Stofffluß.

2.6 Dispersion und Vermischung

Der Transport eines Stoffs im Grundwasser folgt der mittleren Fließrichtung. Der Verfrachtung mit der mittleren Fließgeschwindigkeit überlagert die Vermischung, die durch molekulare Diffusion und Dispersion bedingt wird. Die korngerüstbedingte *Dispersion* bewirkt ebenso wie die molekulare Diffusion ein Auseinanderziehen einer Schadstofffahne und damit eine Abnahme des Konzentrationsgradienten. Sie wird durch die mikroskopische Variabilität der Geschwindigkeit nach Betrag und Richtung in den Poren verursacht. Die Geschwindigkeitsvariation ist wiederum eine Folge des ungleichförmigen Geschwindigkeitsprofils innerhalb einer Pore, unterschiedlicher Porenquerschnitte und/oder der Abweichungen von der mittleren Hauptfließrichtung, die durch das feste Korngerüst bedingt sind (Abb. 27).

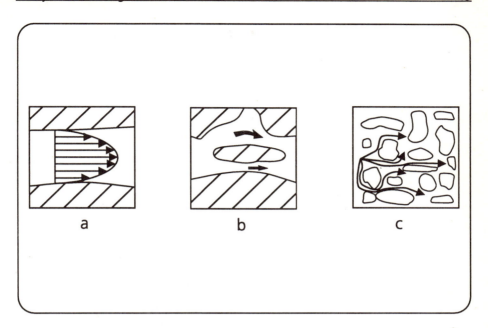

Abb. 27. Komponenten der Dispersion

Im Unterschied zur molekularen Diffusion ist die Dispersion richtungsabhängig. Sie ist stärker in Grundwasserfließrichtung (longitudinale Dispersion) als senkrecht dazu (transversale Dispersion). Der Ansatz für den Stoffluß erfolgt analog zum Fickschen Gesetz und kann in longitudinaler bzw. transversaler Richtung beschrieben werden als

$$\vec{j}_L = -D_L \cdot \frac{\partial c}{\partial s_L} \quad \text{bzw.} \quad \vec{j}_T = -D_T \cdot \frac{\partial c}{\partial s_T} \quad (D_L > D_T)$$

mit

D_L: longitudinaler Dispersionskoeffizient
D_T: transversaler Dispersionskoeffizient
$\partial c/\partial s_L$: Konzentrationsgradient in longitudinaler Richtung
$\partial c/\partial s_T$: Konzentrationsgradient in transversaler Richtung

Der *Dispersionskoeffizient* ist damit ein Tensor. In drei räumlichen Dimensionen gilt für das isotrope Medium:

$$D = \begin{bmatrix} D_L & 0 & 0 \\ 0 & D_T & 0 \\ 0 & 0 & D_T \end{bmatrix}$$

wenn eine Koordinatenachse in die Strömungsrichtung fällt. In 2 Dimensionen gilt analog

$$D = \begin{bmatrix} D_L & 0 \\ 0 & D_T \end{bmatrix}$$

wenn die x-Achse mit der Strömungsrichtung zusammenfällt.

Die Dispersionskoeffizienten sind im Gegensatz zur molekularen Diffusion auch abhängig vom Betrag der Strömungsgeschwindigkeit des Grundwassers. Der longitudinale und transversale Dispersionskoeffizient lassen sich als Produkt aus einer Aquifereigenschaft, der Dispersivität, und einer Strömungseigenschaft, dem Betrag der Abstandsgeschwindigkeit, beschreiben als:

$$D_L = \alpha_L \cdot v_a \quad \text{und} \quad D_T = \alpha_T \cdot v_a$$

Die *Dispersivitäten* α_L und α_T haben die Dimension einer Länge und können als Vermischungslänge verstanden werden. Sie sind abhängig von Lagerungsdichte, Korndurchmesser, Kornform und Ungleichförmigkeitsgrad des Aquifermaterials sowie von der Zeit. In Laborversuchen wurden für unterschiedliche Materialien Dispersivitäten zwischen 0,01 und 1 cm gefunden. In der Natur stellt sich jedoch aufgrund von Inhomogenitäten im Aquifer, wie z.B. Ton- und Schlufflinsen, schon nach einer Fließstrecke von wenigen Metern die Makrodispersion ein. In Feld- bzw. Tracerversuchen wurde longitudinale Dispersion festgestellt, die die korngerüstbedingte Dispersion um einige Größenordnungen übertrifft (LENDA u. ZUBER 1970). Mit zunehmender Ausbreitung der Schadstoffe wächst der Einfluß größerer Inhomogenitäten. Die Makrodispersion ist deshalb skalenabhängig, d.h. bei großräumiger Betrachtung ist sie größer als im näheren Bereich der Schadstoffquelle. Die in Tracerexperimenten beobachtete Abhängigkeit der longitudinalen Dispersivität von der Länge des Phänomens ist in den Diagrammen von BEIMS (1983) (Abb. 28) und GELHAR et al. (1985) (Abb. 29) dargestellt.

Analytische Lösungen 47

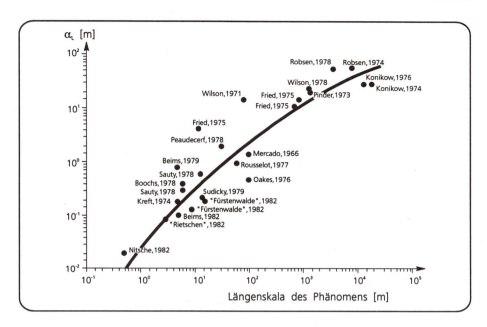

Abb. 28. Skalenabhängigkeit der Dispersion. (Nach BEIMS 1983)

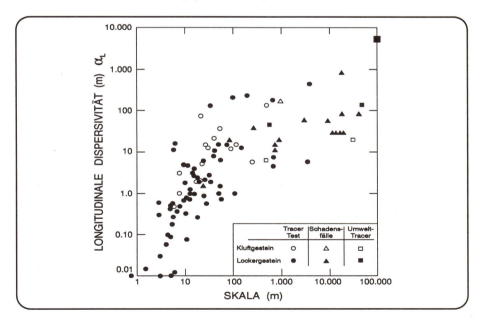

Abb. 29. Skalenabhängigkeit der Dispersion. (Nach GELHAR et al. 1985)

Makrodispersivitäten können auch anhand empirischer Beziehungen oder unter Einbeziehung statistischer Kenngrößen der Durchlässigkeiten abgeschätzt werden. Sie können jedoch nur dann eingesetzt werden, wenn die Transportdistanz groß ist gegenüber der typischen Erstreckung der Inhomogenitäten. Extrem konvektiv dominierte Transportbewegungen, wie z.B. das Auseinanderreißen von Konzentrationsverteilungen durch lange durchlässige Rinnen im Untergrund, können damit nicht beschrieben werden.

Unter Berücksichtigung der statistischen Verteilung der Durchlässigkeiten und der Länge des Fließwegs L gibt MERCADO (1976) die Beziehung

$$\alpha_L = \left(\frac{\sigma_{\log k_f}}{\log k_f}\right) \cdot L$$

an, die jedoch nur für einen ideal geschichteten Aquifer gültig ist. Nach GELHAR et al. (1983) läßt sich die Längsdispersivität α_L berechnen zu

$$\alpha_L = \sigma^2 \cdot \frac{\lambda}{\gamma^2}$$

mit

σ^2: Varianz der logarithmierten Durchlässigkeiten (ln k_f)
λ: Korrelationslänge der exponentiellen Autokorrelationsfunktion ($\approx$ typische Länge der Inhomogenitäten)
γ: Strömungsfaktor (≈ 1)

Diese Beziehung ist gültig unter der Voraussetzung, daß die lokale Dispersivität sehr viel kleiner als die Korrelationslänge der Durchlässigkeiten und die räumliche Erstreckung des betrachteten Grundwasserleiters sehr viel größer als die Korrelationslänge ist.

Über die Größe der transversalen Dispersivität ist sehr viel weniger bekannt als über die Längsdispersivitäten. In der Regel ist die transversale Dispersivität um einen Faktor 10-20 kleiner als die longitudinale Dispersivität (z.B. KLOTZ u. SEILER 1980). PICKENS u. GRISAK (1980) ermittelten aus Feldstudien Verhältnisse α_T/α_L zwischen 0,01 und 0,3.

Dispersivitäten lassen sich auch aus gemessenen Konzentrationsverteilungskurven entlang der Hauptachse einer Schadstoffahne und quer dazu abschätzen. Zur Verdeutlichung soll das folgende Beispiel dienen.

Beispiel 12: Bestimmung der transversalen Dispersivität α_T aus Konzentrationsmeßdaten

Im Abstrom einer Altablagerung hat sich die in Abb. 30 dargestellte Schadstoffahne ausgebildet. In einer Entfernung von 3000 m vom Schadensherd (Schnitt A-A') wurde die ebenfalls dargestellte transversale Konzentrationsverteilung gemessen. Die maximale Konzentration beträgt 120 mg/m³. Aus der Konzentrationsverteilungskurve ist die transversale Dispersivität α_T zu bestimmen!

Analytische Lösungen 49

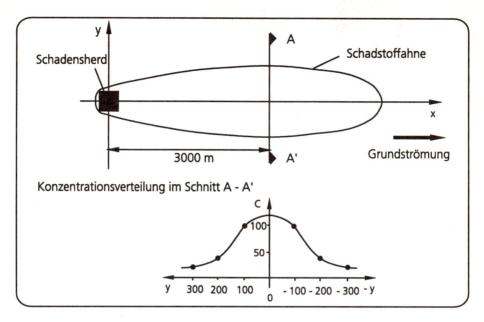

Abb. 30. Schadstoffahne und Konzentrationsverteilung (Beispiel 12)

Die transversale Dispersivität α_T kann aus der Formel zur Bestimmung der Breite einer stationären Schadstoffahne ermittelt werden

$$B = 2\sqrt{2 \cdot \alpha_T \cdot x}$$

Die Breite ist dabei durch die Punkte des Profils definiert, wo die Konzentration auf die Hälfte des Maximums absinkt. Aus der Konzentrationsverteilung geht für B ein Wert von 300 m hervor. Der Schnitt A-A' liegt bei x = 3000 m. Damit ist die transversale Dispersivität

$$a_T = (300\ m/2)^2/(2 \times 3000\ m) = 3{,}75\ m.$$

Eine weitere Möglichkeit zur Bestimmung von Dispersivitäten bietet die Auswertung eines Tracertests mit Hilfe von analytischen Lösungen der Schadstofftransportgleichung, wie sie dem in Kap. 5 beschriebenen Programm CATTI (SAUTY et al. 1991) zugrundeliegen.

2.7 Mischungsrechnung

Die Konzentration in einer Quelle oder einem Entnahmebrunnen erlaubt zusammen mit dem Abfluß bzw. der Pumprate die Bestimmung eines Schadstoffmassenflusses (Masse pro Zeiteinheit).

$$\dot{M} = \frac{dM}{dt} = Q \cdot c$$

Falls eine Mischung aus Teilströmen mit unterschiedlichen Konzentrationen erfolgt, ist der gesamte *Massenfluß* gleich der Summe der einzelnen Massenströme. Daher gilt

$$\dot{M} = \sum Q_i \cdot c_i = Q \cdot \bar{c}$$

Die Division des gesamten Massenflusses durch den gesamten Abfluß führt auf die mittlere Konzentration $\bar{c}$. Die Information über Massenflüsse ist wichtig für die Dimensionierung von Reinigungsanlagen, die Abschätzung der Belastung eines Vorfluters und Massenbilanzen über längere Zeiträume. Die Anwendung der Formel wird durch das folgende Beispiel erläutert.

Beispiel 13: **Mischungsverhältnis in einer Wasserfassungsanlage**

In einer Wasserfassungsanlage mit Uferfiltration befindet sich eine Brunnengalerie parallel zu einem Fluß (Abb. 31). Ein Teil des geförderten Grundwassers strömt dem Brunnen von der Landseite zu. Das Uferfiltrat weist einen Salzgehalt von 120 mg/l auf, während das vom Land zuströmende Grundwasser einen Salzgehalt von 300 mg/l hat. In den Brunnen der Wasserfassungsanlage wurde ein Salzgehalt von 150 mg/l gemessen. Wie groß ist das Verhältnis von Uferfiltrat Q_F zur Entnahme aus der landseitigen Grundströmung Q_L? Wie groß ist die mögliche Belastung des geförderten Trinkwassers, wenn etwa ein Drittel des von der Landseite anströmenden Wassers durch eine Altlast mit einer Konzentration von 20 µg/l einer chlororganischen Substanz belastet sein kann?

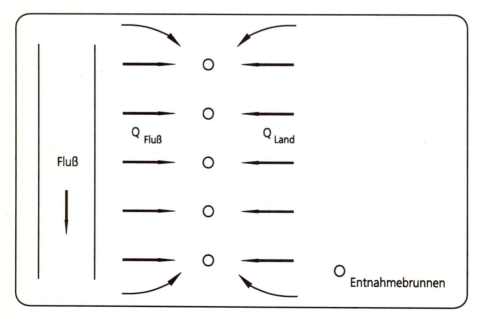

Abb. 31.   Wasserfassungsanlage (Beispiel 13)

Analytische Lösungen

Lösung:
Mischungsverhältnis:

$$Q_F \cdot c_F + Q_L \cdot c_L = Q_{Br} \cdot c_{Br}$$

$$Q_F \cdot 120 + Q_L \cdot 300 = (Q_F + Q_L) \cdot 150$$

$$\frac{Q_F}{Q_L} \cdot 120 + 300 = (\frac{Q_F}{Q_L} + 1) \cdot 150$$

$$\frac{Q_F}{Q_L} \cdot 0{,}8 + 2 = \frac{Q_F}{Q_L} + 1$$

$$\frac{Q_F}{Q_L} = \frac{5}{1}$$

Belastung des geförderten Trinkwassers mit Schadstoffen:

$$Q_{Br} \cdot c_{br} = Q_F \cdot c_F + Q_L \cdot c_L$$

$$(Q_F + Q_L) \cdot c_{Br} = Q_F \cdot 0 + \frac{1}{3} Q_L \cdot c_L$$

$$c_{Br} = \frac{Q_L \cdot c_L}{3(Q_F + Q_L)} = \frac{c_L}{3\left(\frac{Q_F}{Q_L} + 1\right)}$$

$$c_{Br} = \frac{20}{3\left(\frac{5}{1} + 1\right)} = 1{,}1\ \mu g / l$$

Die Konzentration im Brunnen beträgt $c_{Br} = 1{,}1\ \mu g/l$ bei einem Mischungsverhältnis $Q_F/Q_L = 5/1$.

2.8 Adsorption und Abbau

Adsorption ist die physikalische oder chemische Bindung von im Wasser gelösten Stoffen an der Oberfläche eines festen Stoffes (dem Gestein). Die adsorbierte Schadstoffmasse pro Volumeneinheit ΔV ist

$$M_a = \Delta V \cdot (1-n) \cdot \rho_{Korn} \cdot c_a$$

wobei

ΔV: geometrisches Volumen (bulk volume)
n: Porosität
ρ_{Korn}: Dichte des Gesteins
c_a: adsorbierte Konzentration

Im Fall einer schnellen Adsorption kann von einem Gleichgewicht zwischen der adsorbierten und der gelösten Schadstoffkonzentration ausgegangen werden. Die adsorbierte Konzentration c_a ist dann eine Funktion der gelösten Konzentration c. Diese Funktion wird als *Isotherme* bezeichnet. Im einfachsten Fall ist die Isotherme eine lineare Funktion:

$$c_a = K_D \cdot c$$

mit

K_D: Adsorptionskoeffizient

In diesem Fall ist die adsorbierte Schadstoffmasse im Volumen ΔV gegeben durch

$$M_a = K_D \cdot \Delta V \cdot (1-n) \cdot \rho_{Korn} \cdot c$$

Bei kleinen Konzentrationen kann die lineare Isotherme immer verwendet werden. Weitere Isothermen sind z.B. die *FREUNDLICH-Isotherme*, die in der Wassertechnologie und beim Einsatz von Aktivkohlefiltern gebräuchlich ist

$$c_a = K_D \cdot c^n$$

oder die *LANGMUIR-Isotherme*

$$c_a = \frac{K_{D_1} \cdot c}{K_{D_2} + c}$$

Der *Adsorptionskoeffizient von gelösten Kohlenwasserstoffen* ist abhängig vom Octanol-Wasser-Verteilungskoeffizient der betrachteten Substanz und dem Gehalt der Matrix an organischem Kohlenstoff. In der Literatur werden hierfür verschiedene Regressionsgleichungen angegeben:
1. Für hydrophobe aromatische Kohlenwasserstoffe (z.B. Benzol) (BRIGGS 1981)

$$K_D = 0{,}63 \cdot f_{oc} \cdot K_{ow}$$

(gültig für f_{oc} = 0,001 bis 0,033)

Analytische Lösungen

2. Für halogenierte Kohlenwasserstoffe (z.B. Trichlormethan) (BRIGGS 1981)

$$K_D = 9{,}92 \cdot f_{oc} \cdot K_{ow}^{0,54}$$

(gültig für f_{oc} = 0,01 bis 0,06)

3. Für Tetrachlorethen und chlorsubstituierte Benzole (SCHWARZENBACH u. WESTALL 1981)

$$K_D = 3{,}09 \cdot f_{oc} \cdot K_{ow}^{0,72}$$

(gültig für f_{oc} = 0,001 bis 0,052)

Der Gehalt an organischem Kohlenstoff im Boden läßt sich durch Messungen an Mischproben von Aquifermaterial feststellen. Die *Octanol-Wasser-Verteilungskoeffizienten* für einige häufig auftretende Stoffe können Tabelle 8 entnommen werden.

Tabelle 8. Octanol-Wasser-Verteilungskoeffizienten

Stoff	Formel	log K_{ow}	K_{ow}
Tetrachlorethen (Per)	C_2Cl_4	2,88 (2,60)	759 (398)[a]
Trichlorethen (Tri)	C_2HCl_3	2,29	195[a]
1,1,1-Trichlorethan	$C_2H_3Cl_3$	2,17 (2,49)	148 (309)[a]
Dichlormethan	CH_2Cl_2	1,25	18[a]
Chloroform	$CHCl_3$	1,97	93[a]
Benzol	C_6H_6	2,01	102[b]
Chlorbenzol	C_6H_5Cl	2,49	309[b]
Antrazin	$C_{14}H_{10}$	4,34-4,54[c]	$2{,}2 \times 10^4$-$3{,}5 \times 10^4$
Aldrin	$C_{12}H_8Cl_6$	5,17-5,52[c]	$1{,}5 \times 10^5$-$3{,}3 \times 10^5$
DDT	$C_{14}H_9Cl_5$	4,89-6,44[c]	$7{,}8 \times 10^5$-$2{,}8 \times 10^6$
Dichlorbenzol	$C_6H_4Cl_2$	3,38-3,55[c]	$2{,}4 \times 10^3$-$3{,}5 \times 10^3$
Toluol	C_7H_8	2,11-2,80[c]	129-631
Vinylchlorid	C_2H_3Cl	0,6[c]	4

[a] MELUF Baden-Württemberg (1983); [b] DVGW (1981); [c] MONTGOMERY u. WELKOM (1990)

Die Adsorption führt zu einer Verzögerung der Schadstoffausbreitung. Die Abstandsgeschwindigkeit des Wasserinhaltsstoffs wird gegenüber der des Wassers um den sog. Retardationsfaktor R verkleinert.

$$R = 1 + \frac{K_D \cdot \rho_{Korn} \cdot (1-n)}{n}$$

Veränderungen durch chemische oder chemisch-biologische Abbauprozesse führen zu einem *Abbau der Schadstoffe* im Untergrund. Der einfachste Ansatz zur Beschreibung des Abbaus ist die *Reaktion 1. Ordnung*, nach der die Abbaurate λ proportional zu der Konzentration ist.

$$\frac{\partial c}{\partial t} = -\lambda c$$

Eine andere Möglichkeit, den bakteriellen Abbau von organischen Stoffen zu beschreiben, ist durch die *Michaelis-Menten-Kinetik* gegeben.

$$\frac{\partial c}{\partial t} = -\frac{\lambda_1 \cdot c}{c + \lambda_2}$$

Die Schwierigkeit liegt in der Bestimmung der *Abbaukonstanten*, die für Schadstoffe, wie sie in der Altlastensanierung häufig vorkommen, nur wenig bekannt und von Fall zu Fall sehr unterschiedlich sind. In der Regel können sie nur im nachhinein aus einer Massenbilanz bestimmt werden.

Bei radioaktiven Stoffen wird die *Halbwertszeit*, d.h. die Zeit, in der sich die Konzentration des Stoffes halbiert, angegeben.

$$T_{1/2} = \frac{\ln 2}{\lambda}$$

Sie ist für radioaktive Stoffe genau bekannt.

Beispiel 14: Bestimmung der adsorbierten und gelösten Schadstoffmasse

In einer Grundwassermeßstelle eines Aquifers mit einer Porosität $n = 0,1$ und einem Gehalt an organischem Kohlenstoff $f_{oc} = 0,005$ wird Toluol in einer gelösten Konzentration $c = 5$ mg/l festgestellt. Wieviel Schadstoff pro Volumeneinheit ist an der Matrix adsorbiert? Wie ist das Verhältnis von gelöster zu adsorbierter Schadstoffmasse?

Lösung:

Aus Tabelle 8:	$\log K_{ow} = 2,6$
	$K_{ow} = 10^{2,6} \approx 400$
Adsorptionskoeffizient:	$K_D = 3,09 \times 0,005 \times 400^{0,72} = 1,15$ l/kg
	(nach SCHWARZENBACH u. WESTALL)
Adsorbierte Konz.:	$c_a = 1,15$ l/kg $\times 5$ mg/l $= 5,75$ mg/kg
Gelöste Masse: (pro m³ Aquifervol.)	$M = 5 \times 0,1 \times 1000 = 500$ mg

Adsorbierte Masse:	$M_a = 5{,}75 \, (1 - 0{,}1) \times 2{,}65 \times 1000 = 13.700$ mg	
(pro m³ Aquifervol.)	mit $\rho_{Korn} = 2{,}65$ kg/m³	
Verhältnis:	$M/M_a = 0{,}5/13{,}7 = 1/27$	
Retardierungsfaktor:	$R = 1 + 1{,}15 \times 2{,}65 \, (1 - 0{,}1)/0{,}1 = 28$	

2.9 Bilanzierung

Im Rahmen einer Erkundung wird die Verteilung der Untergrundbelastung an Punkten eines Untersuchungsrasters bestimmt. Aus den gemessenen Konzentrationen an diesen Punkten und der Größe des zugehörigen Aquiferelementes läßt sich die vorhandene Schadstoffmasse abschätzen. Eventuell ist nur ein Teil der Schadstoffe in Wasser gelöst, während ein anderer Teil an der Oberfläche der Bodenmatrix adsorbiert ist. Die gesamte Schadstoffmasse pro Volumeneinheit setzt sich demnach im allgemeinen zusammen aus der Schadstoffmasse pro Wasservolumen und der adsorbierten Schadstoffmasse pro Masse trockener Kornmatrix. Die gelöste Schadstoffmasse in einem Aquiferelement des geometrischen Volumens ΔV läßt sich bestimmen aus:

$$M = c \cdot \Delta V \cdot n$$

Unter der Annahme eines Gleichgewichtes zwischen gelöster und adsorbierter Konzentration (schnelle Adsorption) läßt sich die adsorbierte Konzentration in erster Näherung durch eine lineare Adsorptionsisotherme ausdrücken. Die *gesamte Schadstoffmasse* (Summe aus gelöster und adsorbierter Schadstoffmasse) ist dann:

$$M = \left(1 + K_D \cdot \rho_{Korn} \cdot \frac{1-n}{n}\right) \cdot c \cdot \Delta V \cdot n$$

Da das Berechnungsverfahren nur für Volumenelemente anwendbar ist, für die die Konzentration als relativ konstant angenommen werden darf, muß die Verteilung in Volumina so erfolgen, daß diese Voraussetzung erfüllt ist. Die Genauigkeit der Abschätzung der Schadstoffmasse hängt im entscheidenden Maß von der Dichte der Meßpunkte ab. In der Regel ist deren Anzahl aus wirtschaftlichen Gründen sehr begrenzt. Zur Abschätzung der Schadstoffmasse wird jeder Meßstelle eine Fläche zugeordnet, von der angenommen wird, daß die gemessene Konzentration für diese Fläche repräsentativ ist. Falls es sich um eine Meßstelle mit tiefenspezifischer Probenahme handelt, wird die prismatische Säule weiter in Abschnitte eingeteilt. Die Zuordnung einer Fläche zum Meßpunkt erfolgt i.a. über THIESSEN-Polygone. Andere Methoden sind die Dreiecksmethode, Blockmethode oder Profilmethode (Abb. 32).

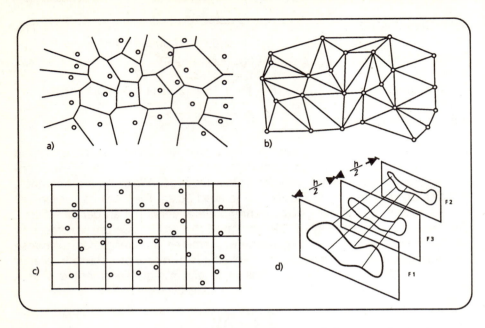

Abb. 32 a-c. Methoden der Flächenzuordnung: *a* Polygonmethode, *b* Dreieckmethode, *c* Blockmethode, *d* Profilmethode

Mit *Kriging-Verfahren* lassen sich zusätzliche Werte interpolieren, so daß eine bessere Ermittlung der Schadstoffmasse pro Fläche möglich ist. Bei dieser Methode wird auf der Grundlage vorhandener Konzentrationswerte an einem gewünschten Punkt durch die Bildung eines gewichteten Mittels ein Schätzwert interpoliert. Die Gewichte werden so gewählt, daß die räumliche Korrelationsstruktur der Meßwerte optimal berücksichtigt wird. Die Schätzung liefert neben dem Wert auch eine Maßzahl für den wahrscheinlichen statistischen Fehler (AKIN u. SIEMENS 1988). Sie ist nur sinnvoll, wenn aus vorliegenden Daten eine Korrelationsstruktur (Variogramm) ersichtlich ist.

Beispiel 15: Flächenzuordnung (Polygonmethode) und Massenbestimmung

Auf einem kontaminierten Areal mit der Ausdehnung 55 x 30 m sind 8 Meßstellen vorhanden, an denen in Schlauchkernen die folgenden Konzentrationen eines stark adsorbierenden Schadstoffs, bezogen auf die Bodenmasse, analysiert wurden:

c_1 = 212 µg/kg c_5 = 555 µg/kg
c_2 = 134 µg/kg c_6 = 40 µg/kg
c_3 = < 1 µg/kg c_7 = 1065 µg/kg
c_4 = 246 µg/kg c_8 = 5315 µg/kg

Analytische Lösungen

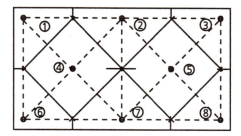

Abb. 33.   Polygonmethode nach THIESSEN (Beispiel 15)

Es ist die gesamte Schadstoffmasse in dem Gebiet abzuschätzen. Die im Bodenwasser befindliche Schadstoffmasse darf vernachlässigt werden. Zunächst ist jeder Meßstelle eine Fläche zuzuordnen. Dafür werden die Meßpunkte miteinander verbunden und das Gebiet in Dreiecksflächen unterteilt. Die zu den Meßpunkten gehörenden Flächen ergeben sich durch die Mittelsenkrechten auf den Verbindungslinien zwischen den einzelnen Punkten.

Der Randabstand der Meßstellen beträgt 2,50 m. Die Meßstellen GMS_4 und GMS_5 sind jeweils im Schwerpunkt der Flächen (1-2-7-6) und (2-3-8-7) angeordnet. Damit ergeben sich die Anteile der einzelnen Flächen an der Gesamtfläche von 1650 m² wie folgt:

$A_1 = A_3 = A_6 = A_8 = 143{,}75 \text{ m}^2$
$A_2 = A_7 = 255{,}00 \text{ m}^2$
$A_4 = A_5 = 312{,}50 \text{ m}^2$

Die Aquifermächtigkeit beträgt 25 m, die Porosität n = 0,3 und die Dichte des Gesteins ρ = 2,65 g/cm³. Die Schadstoffmasse in den einzelnen Flächen berechnet sich nach der Formel

$$M_i = c_i \cdot A_i \cdot m \cdot (1-n) \cdot \rho$$

Die Ergebnisse sind:

$M_1 = 1413{,}3$ g $M_5 = 8043{,}2$ g
$M_2 = 1584{,}6$ g $M_6 = 266{,}7$ g
$M_3 = 0$ $M_7 = 768{,}7$ g
$M_4 = 3565{,}1$ g $M_8 = 2099{,}9$ g

Die gesamte, im Untergrund vorhandene Schadstoffmasse wird abgeschätzt zu $M = 17{,}7$ kg.

2.10 Analytische Lösungen der Transportgleichungen

Grundlage für die Modellierung des Stofftransports im Grundwasser ist die Transportgleichung. Sie beschreibt die Ausbreitung der Schadstoffe im Grundwasser unter Berücksichtigung der Advektion, Dispersion, Adsorption sowie chemischer Reaktion.

Die ein-, zwei- bzw. dreidimensionale Transportgleichung läßt sich bei Vorliegen einfachster Strömungsverhältnisse (Parallelströmung) für einen instantanen (momentanen) Schadstoffeintrag und für den Spezialfall des permanenten Schadstoffeintrags analytisch (d.h. durch eine geschlossene Formel) lösen. Diese Basislösungen sind für überschlägige Berechnungen von Bedeutung. Der Schadstoffeintrag erfolgt über eine Punktquelle zur Zeit $t = 0$ im Ursprung eines Koordinatensystems, dessen x-Achse parallel zur mittleren Strömungsrichtung verläuft. Eventuelle Veränderungen des Strömungsfelds durch Grundwasserneubildung (Zunahme der Strömungsgeschwindigkeit) oder durch Dichteeffekte des Schadstoffs müssen vernachlässigbar sein. Die eindimensionalen Lösungen sind im Bereich der Altlastensanierung weniger bedeutend, werden hier aber der Vollständigkeit halber aufgeführt.

1D-instantan:

$$c(x,t) = \frac{\Delta M}{2An_f\sqrt{\pi Dt}} \exp\left[-\frac{(x-v_a t)^2}{4Dt}\right] \exp(-\lambda\, t)$$

1D-permanent:

$$c(x,t) = \frac{\dot M}{2Av_a n_f} \exp\left(\frac{xv_a}{2D}\right)\left[\exp\left(\frac{-xv_a\gamma}{2D}\right)\mathrm{erfc}\left(\frac{x-v_a\gamma\, t}{2\sqrt{Dt}}\right)\right.$$

$$\left.-\exp\left(\frac{xv_a\gamma}{2D}\right)\mathrm{erfc}\left(\frac{x+v_a\gamma\, t}{2\sqrt{Dt}}\right)\right]$$

Analytische Lösungen

In einem unendlich ausgedehnten, isotropen und homogenen Aquifer mit konstanten Dispersivitäten sind 2D-Lösungen nützlicher. Sie sind gegeben durch:

2D-instantan:

$$c(x,y,t) = \frac{\Delta M}{4\pi\, mn_f \sqrt{D_L D_T}\, t}\, \exp\left(-\frac{(x-v_a t)^2}{4D_L t} - \frac{y^2}{4D_T t}\right) \exp(-\lambda t)$$

2D-permanent:

$$c(x,y,t) \approx \frac{\dot{M}}{4mn_f \sqrt{\pi\, D_T v_a}}\, \exp\left(\frac{(x-r\gamma)v_a}{2D_L}\right) \frac{1}{\sqrt{r\gamma}}\, \mathrm{erfc}\left(\frac{r - v_a t \gamma}{2\sqrt{D_L t}}\right)$$

mit

$$\gamma = \sqrt{1 + \frac{4\lambda D_L}{v_a^2}} \quad ; \quad r = \sqrt{x^2 + \frac{D_L}{D_T} y^2}$$

Dabei ist *erf* das Gaußsche Fehlerintegral bzw. *erfc* das komplementäre Fehlerintegral, d.h. erfc(x) = 1 - erf(x) (Tabelle 9). Für $t = \infty$ ist der Ausdruck erfc(x) = 2. Damit ergibt sich für die stationäre 2D-Lösung einer permanenten Injektion:

$$c(x,y,\infty) \approx \frac{\dot{M}}{2mn_f \sqrt{\pi\, D_L v_a}}\, \exp\left(\frac{(x-r\gamma)v_a}{2D_L}\right) \frac{1}{\sqrt{r\gamma}}$$

Bei adsorbierenden Schadstoffen muß (wie auch in den folgenden Gleichungen) die Abstandsgeschwindigkeit durch die retardierte Geschwindigkeit v_a/R und ΔM durch die gelöste Masse $\Delta M/R$ ersetzt werden.

Tabelle 9.   Gaußsches Fehlerintegral

x	erf x	x	erf x	x	erf x	x	erf x
0,00	0,0000000000	0,50	0,5204998778	1,00	0,8427007929	1,50	0,9661051465
0,01	0,0112834156	0,51	0,5292436198	1,01	0,8468104962	1,51	0,9672767481
0,02	0,0225645747	0,52	0,5378986305	1,02	0,8508380177	1,52	0,9684134969
0,03	0,0338412223	0,53	0,5464640969	1,03	0,8547842115	1,53	0,9695162091
0,04	0,0451111061	0,54	0,5549392505	1,04	0,8586499465	1,54	0,9705856899
0,05	0,0563719778	0,55	0,5633233663	1,05	0,8624361061	1,55	0,9716227333
0,06	0,0676215944	0,56	0,5716157638	1,06	0,8661435866	1,56	0,9726281220
0,07	0,0788577198	0,57	0,5798158062	1,07	0,8697732972	1,57	0,9736026275
0,08	0,0900781258	0,58	0,5879229004	1,08	0,8733261584	1,58	0,9745470093
0,09	0,1012805939	0,59	0,5959364972	1,09	0,8768031019	1,59	0,9754620158
0,10	0,1124629160	0,60	0,6038560908	1,10	0,8802050696	1,60	0,9763483833
0,11	0,1236228962	0,61	0,6116812189	1,11	0,8835330124	1,61	0,9772068366
0,12	0,1347583518	0,62	0,6194114619	1,12	0,8867878902	1,62	0,9780380884
0,13	0,1458671148	0,63	0,6270464433	1,13	0,8899706704	1,63	0,9788428397
0,14	0,1569470331	0,64	0,6345858291	1,14	0,8930823276	1,64	0,9796217795
0,15	0,1679959714	0,65	0,6420293274	1,15	0,8961238429	1,65	0,9803755850
0,16	0,1790118132	0,66	0,6493766880	1,16	0,8990962029	1,66	0,9811049213
0,17	0,1899924612	0,67	0,6566277023	1,17	0,9020003990	1,67	0,9818104416
0,18	0,2009358390	0,68	0,6637822027	1,18	0,9048374269	1,68	0,9824927870
0,19	0,2118398922	0,69	0,6708400622	1,19	0,9076082860	1,69	0,9831525869
0,20	0,2227025892	0,70	0,6778011938	1,20	0,9103139782	1,70	0,9837904586
0,21	0,2335219230	0,71	0,6846655502	1,21	0,9129555080	1,71	0,9844070075
0,22	0,2442959116	0,72	0,6914331231	1,22	0,9155338810	1,72	0,9850028274
0,23	0,2550225996	0,73	0,6981039429	1,23	0,9180501041	1,73	0,9855784998
0,24	0,2657000590	0,74	0,7046780779	1,24	0,9205051843	1,74	0,9861345950
0,25	0,2763263902	0,75	0,7111556337	1,25	0,9229001283	1,75	0,9866716712
0,26	0,2868997232	0,76	0,7175367528	1,26	0,9252359418	1,76	0,9871902752
0,27	0,2974182185	0,77	0,7238216140	1,27	0,9275136293	1,77	0,9876909422
0,28	0,3078800680	0,78	0,7300104313	1,28	0,9297341930	1,78	0,9881741959
0,29	0,3182834959	0,79	0,7361034538	1,29	0,9318986327	1,79	0,9886405487
0,30	0,3286267595	0,80	0,7421009647	1,30	0,9340079449	1,80	0,9890905016
0,31	0,3389081503	0,81	0,7480032806	1,31	0,9360631228	1,81	0,9895245446
0,32	0,3491259948	0,82	0,7538107509	1,32	0,9380651551	1,82	0,9899431565
0,33	0,3592786550	0,83	0,7595237569	1,33	0,9400150262	1,83	0,9903488051
0,34	0,3693645293	0,84	0,7651427115	1,34	0,9419137153	1,84	0,9907359476
0,35	0,3793820536	0,85	0,7706680576	1,35	0,9437621961	1,85	0,9911110301
0,36	0,3893297011	0,86	0,7761002683	1,36	0,9455614366	1,86	0,9914724883
0,37	0,3992059840	0,87	0,7814398455	1,37	0,9473123980	1,87	0,9918207476
0,38	0,4090094534	0,88	0,7866873192	1,38	0,9490160353	1,88	0,9921562228
0,39	0,4187387001	0,89	0,7918432468	1,39	0,9506732958	1,89	0,9924793184
0,40	0,4283923550	0,90	0,7969082124	1,40	0,9522851198	1,90	0,9927904292

Analytische Lösungen

x	erf x	x	erf x	x	erf x	x	erf x
0,41	0,4379690902	0,91	0,8018828258	1,41	0,9538524394	1,91	0,9930899398
0,42	0,4474676184	0,92	0,8067677215	1,42	0,9553761786	1,92	0,9933782251
0,43	0,4568866945	0,93	0,8115635586	1,43	0,9568572531	1,93	0,9936556502
0,44	0,4662251153	0,94	0,8162710190	1,44	0,9582965696	1,94	0,9939225709
0,45	0,4754817198	0,95	0,8208908073	1,45	0,9596950256	1,95	0,9941793336
0,46	0,4846553900	0,96	0,8254236496	1,46	0,9610535095	1,96	0,9944262755
0,47	0,4937450509	0,97	0,8298702930	1,47	0,9623728999	1,97	0,9946637246
0,48	0,5027496707	0,98	0,8342315043	1,48	0,9636540654	1,98	0,9948920004
0,49	0,5116682612	0,99	0,8385080696	1,49	0,9648978648	1,99	0,9951114132
0,50	0,5204998778	1,00	0,8427007929	1,50	0,9661051465	2,00	0,9953222650

$$\text{erf } x = \frac{2}{\sqrt{\pi}} \int_0^x e^{-t^2} \, dt \; ; \; \text{erfc } x = \frac{2}{\sqrt{\pi}} \int_x^\infty e^{-t^2} \, dt = 1 - \text{erf } x$$

$$\text{erf}(-x) = -\text{erf } x$$

Die Lösung für den Schadstoffeintrag einer Punktquelle endlicher Dauer ergibt sich durch Überlagerung von zwei zeitlich versetzten permanenten Lösungen, wobei der zum späteren Zeitpunkt t+Δt beginnende Schadstoffeintrag mit negativem Vorzeichen versehen wird (Abb. 34).

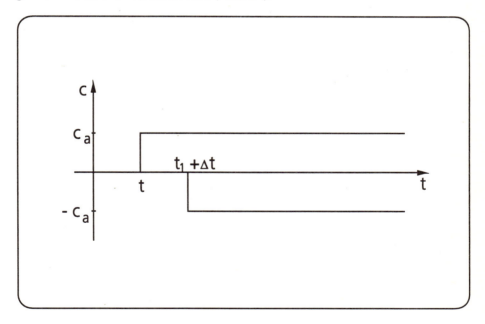

Abb. 34.   Punktquelle endlicher Dauer

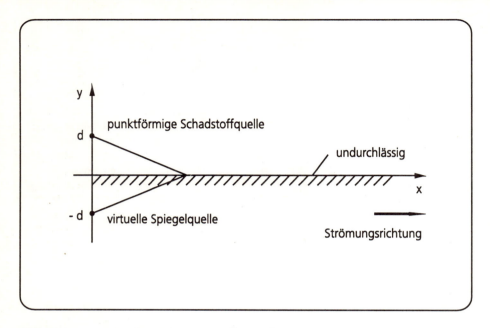

Abb. 35. Punktquelle am Aquiferrand

Undurchlässige Ränder, welche die transversale Ausbreitung der Fahne nach einer oder 2 Seiten verhindern oder Berandungen mit einer vorgegebenen Konzentration können durch Spiegelung berücksichtigt werden, d.h. es werden eine oder mehrere virtuelle Spiegelquellen eingeführt. Dabei müssen die Ränder parallel zur Strömungsrichtung sein. Für einen undurchlässigen Rand (Abb. 35) erhält man die Lösung durch Superposition der Lösung für eine Punktquelle im unendlichen Aquifer mit Eintrag am Ort (0,d) mit der entsprechenden Lösung der virtuellen Quelle am Ort (0,-d)

$$c(x,y,t) = c_p(x, y-d, t) + c_p(x, y+d, t)$$

wobei

c_p: Konzentration in einer Punktquelle bzw. ihrer virtuellen Spiegelquelle

Zwei undurchlässige Ränder erfordern eine unendliche Reihe von Spiegelungen (Abb. 36). Wenn der zweite undurchlässige Rand parallel zur x-Achse bei y = B liegt, lautet die Lösung:

$$c(x,y,t) = \sum_{j=-\infty}^{\infty} \left[c_p(x, y - 2Bj + d, t) + c_p(x, y - 2Bj - d, t) \right]$$

In der Regel brauchen nur wenige virtuelle Quellen berücksichtigt zu werden.

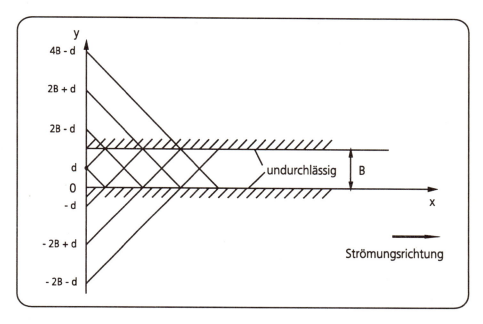

Abb. 36. Punktquelle im 2seitig begrenzten 2D-Aquifer

In der Praxis liegen nicht nur punktförmige Schadstoffquellen vor. Für den Fall, daß die Quelle flächenhaft ausgedehnt ist, kann die entsprechende Lösung durch Superposition mehrerer auf der Fläche verteilter Punktquellen angegeben werden.

Im Falle einer homogenen Parallelströmung lautet die Lösung der Transportgleichung in 3 Dimensionen für eine instantane Injektion des Schadstoffs

3D-instantan:

$$c(x,y,z,t) = \frac{\Delta M}{8 n_f \sqrt{D_L D_T D_z} (\pi t)^{3/2}} \exp\left[-\frac{(x-v_a t)^2}{4 D_L t} - \frac{y^2}{4 D_T t} - \frac{z^2}{4 D_z t}\right] \exp(-\lambda t)$$

Bei regionaler Betrachtungsweise ist die Mächtigkeit des Aquifers wesentlich kleiner als die horizontale Erstreckung. In den meisten praktischen Anwendungen muß daher die obere Begrenzung als undurchlässiger Rand mit einer Spiegelquelle berücksichtigt werden. Wenn die Aquifersohle zusätzlich als undurchlässiger Rand berücksichtigt werden muß, ist wie im zweidimensionalen Fall eine unendliche Reihe von Spiegelquellen erforderlich. Eine permanente Punktquelle läßt sich durch die Superposition gegeneinander verzögerter momentaner Punktquellen nachbilden.

Beispiel 16: **Bestimmung der asymptotischen Konzentration und der Laufzeit von Schadstoffen**

Für eine Altablagerung soll eine Gefährdungsabschätzung für einen Grundwassernutzer in Punkt A durchgeführt werden. Aus Messungen der Versickerungen an ähnlichen Altablagerungen wurde der Eintrag von organischen Stoffen zu 1,5 kg/d abgeschätzt. Die Mächtigkeit des Aquifers beträgt 10 m. Wie groß ist die mittlere Laufzeit der Stoffe von der Altablagerung zur Meßstelle A bei einer Durchlässigkeit $k_f = 3 \cdot 10^{-4}$ m/s, einer durchflußwirksamen Porosität $n_f = 0,1$ und einem hydraulischen Gefälle I = 1 ‰? Wie groß ist die maximale Konzentration, die sich asymptotisch an Punkt A einstellt, wenn der Stoff nicht abgebaut wird und $\alpha_T = \alpha_L/20$ angenommen werden darf? Wie groß ist die Konzentration bei einer Abbaurate von $\lambda = 10^{-3}$ 1/d?

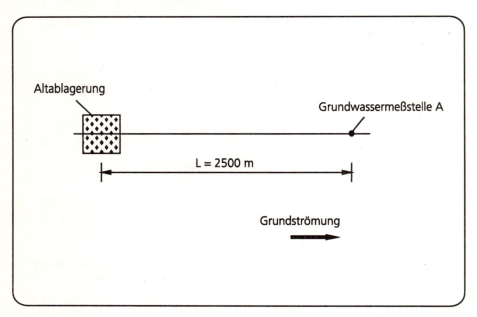

Abb. 37.   Lage der Altablagerung (Beispiel 16)

Lösung:
a) Abstandsgeschwindigkeit: $v_a = 3 \times 10^{-4}$ m/s $\times$ 0,001/0,1 = 3×10^{-6} m/s = 0,2592 m/d
Dispersivitäten: $\alpha_L = 20$ m (aus Diagramm nach BEIMS)
   $\alpha_T = 20$ m/20 = 1 m
Konzentration in Punkt A: 2-D Lösung, permanent, t -> ∞
   y = 0   =>   r = x
   λ = 0   =>   g = 1
   t -> ∞   =>   erfc (...) = 2

Analytische Lösungen

$$c(2500,0,\infty) \approx \frac{1{,}5}{4 \cdot 10 \cdot 0{,}1 \cdot \sqrt{\pi \cdot 1 \cdot 0{,}2592}} \exp(0) \frac{1}{\sqrt{2500}} 2 \approx 0{,}033 \text{ kg}$$

Die mittlere Laufzeit der Schadstoffe von der Altablagerung zum Punkt A beträgt:

$$t = 2500 \text{ m}/0{,}2592 \text{ m/d} = 9645 \text{ d}$$

Die Verweilzeit in der ungesättigten Bodenzone muß addiert werden.
b) Konzentration mit $\lambda = 10^{-3}$ 1/d:

$$\gamma = \sqrt{1 + \frac{4 \cdot 10^{-3} \cdot 20 \cdot 0{,}2592}{0{,}2592^2}} = 1{,}144$$

$$c(2500,0,\infty) \approx \frac{1{,}5}{4 \cdot 10 \cdot 0{,}1 \cdot \sqrt{\pi \cdot 1 \cdot 0{,}2592}} \exp\left(\frac{(2500 - 2500 \cdot 1{,}144)}{2 \cdot 20}\right)$$

$$\cdot \frac{1}{\sqrt{2500 \cdot 1{,}144}} 2$$

$$c(2500,0,\infty) \approx 3{,}8 \cdot 10^{-6} \text{ kg}$$

Bei der gegebenen Abbaurate ist die ermittelte maximale Konzentration um einen Faktor 10.000 kleiner als ohne Schadstoffabbau.

Beispiel 17: **Bestimmung der Schadstoffaustragsrate**

In der Umgebung einer Altlast mit Grundwasseranschluß bildete sich im Abstrom in 12 Jahren eine Schadstoffahne aus (Abb. 38).

An der Grundwassermeßstelle P_1 wurde eine Konzentration von 120 mg/m³ persistenter Chemikalien gemessen. Das kontaminierte Gelände darf gegen die derzeitigen Abmessungen der Fahne als punktförmig angesehen werden. Wie groß ist die über die 12 Jahre als konstant anzunehmende Schadstoffaustragsrate aus dem kontaminierten Gelände und wie groß ist die gesamte Schadstoffmasse in der Fahne?

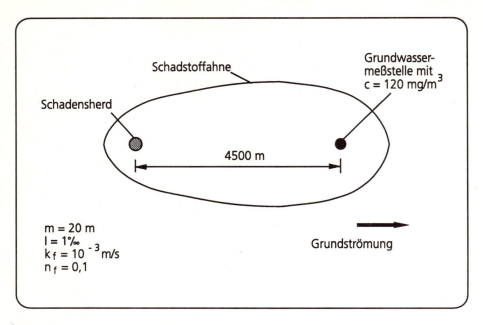

Abb. 38. Schadensherd mit Schadstoffahne (Beispiel 17)

Lösung:
Abstandsgeschwindigkeit: $v_a = 10^{-3}$ m/s × $10^{-3}/0,1 = 10^{-5}$ m/s = 0,864 m/d
Dispersivitäten: $\alpha_L = 30$ m (aus Diagramm nach BEIMS)
$\alpha_T = 30$ m/10 = 3 m
Konzentration in Punkt A: 2-D Lösung, permanent
$y = 0 \Rightarrow r = x \Rightarrow \exp 0 = 1$
Fehlerintegral:

$$\mathrm{erfc}\left(\frac{4500 - 0,864 \cdot 12 \cdot 365}{2\sqrt{30 \cdot 0,864 \cdot 12 \cdot 365}}\right) = \mathrm{erfc}\,(1,062)$$

$$\mathrm{erfc}\,(1,062) = 1 - \mathrm{erf}\,(1,062)$$

aus Tabelle 7 ergibt sich für: $\mathrm{erf}\,(1,062) = 0,867$

$$\mathrm{erfc}\,(1,062) = 1 - 0,867 = 0,133$$

Schadstoffmasse:

$$120 \approx \frac{\dot{M}}{4 \cdot 20 \cdot 0,1\sqrt{\pi \cdot 3 \cdot 0,864}} \cdot 1 \cdot \frac{1}{\sqrt{4500}} \cdot 0,133$$

$$\dot{M} \approx 1.284.326 \text{ mg/d} = 1,3 \text{ kg/d}$$

Analytische Lösungen   67

Die in der Fahne enthaltene Schadstoffmasse beträgt

$$M = 1{,}3 \, kg/d \cdot 12 \, a \cdot 365 \, d/a = 5.625 \, kg$$

Beispiel 18: **Tracertestauswertung mit CATTI**

In einem 10 m mächtigen Aquifer beträgt die Filtergeschwindigkeit $v_{f0} = 1{,}2 \times 10^{-6}$ m/s. Im Abstrom befindet sich 20 m unterhalb des Injektionsbrunnens I die Grundwassermeßstelle P1. Die Achse I - P1 liegt parallel zur mittleren Fließrichtung der Grundströmung. Zur Zeit t = 0 wird im Brunnen I die Masse von 5 kg eines Tracers injiziert. Die Beprobung und Analyse der Konzentrationen an der Meßstelle P1 führte zu den in Tabelle 10 aufgeführten Daten. Es sollen die durchflußwirksame Porosität n_f und die Dispersivitäten α_L und α_T ermittelt werden.

Tabelle 10. Daten des Konzentrationsverlaufes am Brunnen P1

Zeit (d)	12	14	16	18	20	22	24	26	28
Konz. (mg/l)	2	23	57	80	96	91	74	43	19

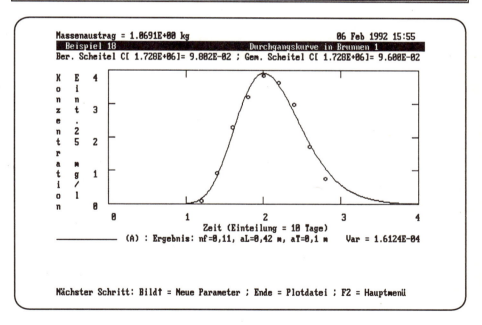

Abb. 39. Anpassung der Durchbruchkurve

Die Anpassung der Durchbruchkurve mit der berechneten 2D-Lösung mit permanentem Schadstoffeintrag ergab $n_f = 0{,}11$, $\alpha_L = 0{,}42$ m, $\alpha_T = 0{,}1$ m.

2.11 Übersicht über die vorkommenden Parameter und Kenngrößen

In der folgenden Tabelle 11 sind die in Kap. 2 vorkommenden Parameter und Kenngrößen zusammengefaßt.

Tabelle 11. Zusammenfassung der Parameter und Kenngrößen

Parameter	Bedeutung	Einheit	typ. Größe	Herkunft
A	Fläche	m^2		
a	Abstand	m		
B	Entnahmebreite	m		
b	Breite	m		
c	gelöste Konzentration	mg/l		Messung
c_a	adsorbierte Konzentration	mg/kg		
c_e	Gleichgewichtskonzentration	mg/l		Tabelle Berechnung
c_0	Anfangskonzentration	mg/l		Messung
D	Dispersionskoeffizient	m^2/s		
D_l	longitudinaler Dispersionskoeffizient	m^2/s		
D_T	transversaler Dispersionskoeffizient	m^2/s		
D_m	molekularer Diffusionskoeffizient	m^2/s		Tabelle/ Berechnung
d	Durchmesser	m		
d_A	Ölschichtdicke	m		Messung
f	Fassungsvermögen	m^3/s		
f_{oc}	Gehalt an organischem Kohlenstoff	-		Messung
GW_{neu}	Grundwasserneubildungsrate durch Niederschlag	mm/a		Messung/Versuch
g	Erdbeschleunigung	m/s^2	9,80665	Konstante
h	Höhe, Standrohrspiegelhöhe	m		Messung
I	hydraulischer Gradient	-		
i_{max}	Grenzgefälle	-		
J	Stoffluß	g/s		
j	spezifischer Stoffluß	$g/(s \cdot m^2)$		
K_D	Adsorptionskoeffizient	l/kg		Tabelle/ Berechnung
K_{OW}	Octanol-Wasser-Verteilungskoeffizient	-		Tabelle/ Berechnung

Analytische Lösungen

Parameter	Bedeutung	Einheit	typ. Größe	Herkunft
k	Permeabilität	m^2		
k_f	Durchlässigkeitsbeiwert	m/s		Pumpversuch
k_r	relative Durchlässigkeit	-		
L	Fließweg	m		
l	Länge	m		
M	gelöste Schadstoffmasse	g		
$\dot{M}$	Schadstoffmassenfluß	g/s		
M_a	adsorbierte Schadstoffmasse	g		
M_w	Molekulargewicht	g/mol		Tabelle
m	Mächtigkeit	m		Geologie
N_c	Kapillarzahl	-		Literatur
n	Porosität	-		Tracerexperiment
n_f	durchflußwirksame Porosität	-		Tracerexperiment
P_{atm}	Luftdruck	N/m^2	$1,013 \times 10^5$	Messung
p_v	Dampfdruck	N/m^2		Tabelle
Q	Entnahme-/Infiltrationsrate	m^3/s		
R	Retardierungsfaktor	-		
R_e	Austragsrate	kg/s		
R_{erf}	erforderliche Entnahmerate	kg/s		
R_W	Reichweite	m		
R_G	allgemeine Gaskonstante	$Nm/(mol \cdot K)$	8,31441	Konstante
R_δ	Restsättigung	-		Tabelle
r	Radius	m		
S	Speicherkoeffizient	-		Pumpversuch
Θ	Temperatur	°C		Messung
T	Transmissivität	m^2/s		Pumpversuch
$T_{½}$	Halbwertszeit	d		
t	Zeit	s		
v_a [a]	Abstandsgeschwindigkeit	m/s		
V	Volumen	m^3		
V_m	Molekularvolumen nach LeBas	cm^3/mol		Tabelle/Berechnung
v_f	Filtergeschwindigkeit	m/d	0,01 – 10	
x,y	horizontale Koordinaten	m		
z	vertikale Koordinate	m		

Parameter	Bedeutung	Einheit	typ. Größe	Herkunft
z_n	kritische Höhe beim Eindringen von schwerer Phase in leichte Phase	m		
z_{GW}	Grundwasserflurabstand	m		Geologie
α_l	longitudinale Dispersivität	m		Tracerexperiment
α_T	transversale Dispersivität	m		Tracerexperiment
η	dynamische Viskosität	Pa·s		Tabelle
λ	Abbaurate	1/d		
ν	kinematische Viskosität	m²/s		Tabelle
ρ	Dichte	kg/m³		Tabelle
ρ_{Korn}	Korndichte	kg/m³		Tabelle
ρ_w	Dichte des Wassers	kg/m³	1	Tabelle
ρ_n	Dichte einer mit Wasser nicht mischbaren Flüssigkeit	kg/m³		
τ	Tortuositätsfaktor	-	0,25-0,7	abhängig vom GWL
ϕ	Benetzungswinkel	°		Literatur
ΔM	Masse des Schadstoffeintrags	kg		

[a] In einigen Bildschirmdarstellungen auch mit u bezeichnet

3 PAT – Berechnung von Bahnlinien und Laufzeiten in analytisch beschriebenen Strömungsmodellen
(W. Kinzelbach und R. Rausch 1991a)

3.1 Einleitung

PAT (**P**athline **A**nd **T**ravel Times) ist ein Programm für die Berechnung und graphische Darstellung von Bahnlinien und Laufzeiten im Grundwasser in 2 räumlichen Dimensionen. Die Berechnung kann unter Annahme einer stationären, parallelen und homogenen Grundströmung für einen unendlichen oder halbunendlichen, homogenen und isotropen Aquifer oder für einen Streifen eines Aquifers erfolgen. In dem berechneten Geschwindigkeitsfeld können Entnahme- und/oder Infiltrationsbrunnen berücksichtigt werden. Die durch die Brunnen induzierten Geschwindigkeiten werden der Grundströmung unter Berücksichtigung des gewählten Modelltyps überlagert. Die Strömung wird durch eine analytische Mehrbrunnenformel, eventuell unter Hinzuziehung von Spiegelbrunnen, ausgedrückt. Die Bahnlinien werden mittels numerischer Integration nach RUNGE-KUTTA aus dem Geschwindigkeitsfeld gewonnen. Die Anwendung des Programms setzt voraus, daß die Strömung räumlich zweidimensional (2D) ist. Das bedeutet, daß die horizontale Erstreckung des modellierten Gebietes sehr viel größer ist als seine vertikale Erstreckung. Es wird ein gespannter Aquifer vorausgesetzt. Das Programm kann aber auch näherungsweise auf freie Aquifere angewandt werden, wenn die räumliche Variabilität der Wasserspiegelhöhen klein gegenüber der Aquifermächtigkeit ist.

PAT wird anhand zweier ausführlicher Beispiele vorgestellt. Die Anwendung wird durch bildschirmorientierte und voll interaktive Eingabe erleichtert. Die vorhandenen "HILFE"-Texte machen eine umfangreiche Programmdokumentation überflüssig. Alle erforderlichen Daten werden über Eingabemenüs interaktiv im Dialog eingegeben und in gewissem Maß auf ihre Plausibilität überprüft.

Die Ergebnisse der Berechnung werden auf dem Bildschirm graphisch dargestellt. Zusätzlich besteht die Möglichkeit, eine HP-GL(Hewlett-Packard-Graphics-Language)-Graphikdatei zu erzeugen. Diese kann direkt auf einem HP- oder HP-kompatiblen Plotter ausgegeben oder in DTP-Programme (Desk-Top-Publishing-Programme) importiert werden, die HP-GL Graphikdateien einlesen können. Beispiele für Textverarbeitungsprogramme, die HP-GL Graphikdateien importieren können, sind Word Perfect und Microsoft Word.

3.2 Installation

Die Installation des Programms PAT auf dem PC ist nach der im Anhang beschriebenen Methode durchzuführen.

In Tabelle 12 sind die mitgelieferten Dateien aufgeführt. Die Dateien *.DAT sind nur für die Erläuterung der Programmbenutzung anhand der Beispielaufgaben notwendig und können später wieder gelöscht werden.

Tabelle 12. Dateien auf der Programm-CD

Dateiname	Beschreibung
PAT.EXE	Ausführbare Version von PAT
PAT.BAS	Quellcode
PATSUB.BAS	Bibliothek für PAT (Quellcode)
PATSUB.LIB	Übersetzte Bibliothek für PAT
PATSUB.QLB	Quick-Bibliothek für PAT
EX1PAT.DAT	Eingabedatensatz für Beispiel 1
EX2PAT.DAT	Eingabedatensatz für Beispiel 2

Um das Programm zu starten, geben Sie "PAT" auf der DOS-Ebene ein und drücken Sie die <Return>-Taste. Startet das Programm nicht, überprüfen Sie, ob alle Dateien im aktuellen Verzeichnis vorhanden sind bzw. wechseln Sie in das korrekte Verzeichnis, und starten Sie erneut.

3.3 Theoretischer Hintergrund

In einem gespannten Aquifer ist die *Geschwindigkeit* an einem beliebigen Punkt (x,y) die Resultierende aus den Geschwindigkeitsbeiträgen der Grundströmung und der durch einen oder mehrere Brunnen verursachten Brunnenströmung. Abbildung 40 zeigt den Fall eines Brunnens in einem isotropen, homogenen Geschwindigkeitsfeld.

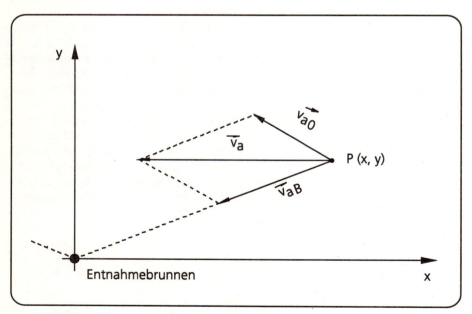

Abb. 40. Geschwindigkeitskomponenten in Brunnennähe

PAT - Berechnung von Bahnlinien und Laufzeiten

Die Geschwindigkeit an einem beliebigen Punkt (x,y) ist die Vektorsumme aus der Geschwindigkeit der Grundströmung und der durch den Brunnen verursachten radialen Geschwindigkeit. In Vektorschreibweise bedeutet dies

$$\vec{v}_a = \vec{v}_{a0} + \vec{v}_{aB} \quad \text{mit} \quad \vec{v}_{a0} = (\vec{v}_{a0x}, \vec{v}_{a0y}), \quad \vec{v}_{aB} = (\vec{v}_{aBx}, \vec{v}_{aBy})$$

Die *Abstandsgeschwindigkeit* der Grundströmung in einem homogenen, isotropen, gespannten Aquifer wird nach DARCY berechnet aus

$$\vec{v}_{a0} = -\frac{k_f}{n_f} \cdot \frac{dh}{dl}$$

mit

    k_f: Durchlässigkeitsbeiwert
    -dh/dl: hydraulischer Gradient in Fließrichtung
    n_f: durchflußwirksame Porosität

Die Komponenten der Abstandsgeschwindigkeit in x- und y-Richtung sind gegeben durch

$$\vec{v}_{a0} = v_{a0} (\cos\alpha, \sin\alpha)$$

mit

    α: Winkel zwischen der Richtung der Grundströmung und der x-Achse
    v_{a0}:   Betrag des Geschwindigkeitsvektors der Grundströmung

In einem unendlichen, isotropen und homogenen Aquifer ist die Geschwindigkeit der *Brunnenströmung* gegeben durch die DUPUIT-THIEM-Gleichung (DUPUIT 1863, THIEM 1906). Die Differentiation der Komponenten in x- und y-Richtung führt zu:

$$v_{aBx} = -\frac{Q}{2\pi m n_f} \cdot \frac{x}{x^2 + y^2}$$

$$v_{aBy} = -\frac{Q}{2\pi m n_f} \cdot \frac{y}{x^2 + y^2}$$

mit

    m: Aquifermächtigkeit

Ein Infiltrationsbrunnen wird durch Veränderung des Vorzeichens der Entnahmerate Q ausgedrückt. Durch Superposition der Grundströmungsgeschwindigkeit mit den Beiträgen einer beliebigen Anzahl n von Brunnen an den Orten (x_i, y_i) (mit i = 1,...,n) ergibt sich die allgemeine *Brunnenformel*:

$$v_{ax} = v_{a0} \cos\alpha - \frac{1}{2\pi m n_f} \sum_{i=1}^{n} \frac{Q_i (x - x_i)}{(x - x_i)^2 + (y - y_i)^2}$$

$$v_{ay} = v_{a0} \sin\alpha - \frac{1}{2\pi m n_f} \sum_{i=1}^{n} \frac{Q_i (y - y_i)}{(x - x_i)^2 + (y - y_i)^2}$$

Im Fall einer geradlinigen Staugrenze (undurchlässiger Rand) oder einer geradlinigen Anreicherungsgrenze (Festpotentialrand) ist die Anwendung der allgemeinen Brunnenformel auch möglich. Für jeden Brunnen muß ein fiktiver, an dem Rand gespiegelter Brunnen addiert werden. Bei einem undurchlässigen Rand hat die Entnahmerate des Spiegelbrunnens dasselbe Vorzeichen wie die des realen Brunnens; bei einem Festpotentialrand ist das Vorzeichen entgegengesetzt. Die Grundströmung muß bei einem undurchlässigen Rand parallel zum Rand verlaufen, bei einer Anreicherungsgrenze darf die Grundströmung in einem beliebigen Winkel zum Rand verlaufen. Beide Fälle können mit dem Programm PAT simuliert werden.

Schwieriger ist die Behandlung von komplizierteren, aus geradlinigen Teilen zusammengesetzten Rändern. In einem solchen Fall müssen Mehrfachspiegelungen angewendet werden, die zu unendlich vielen fiktiven Brunnen führen können. Das Programm PAT kann nur in dem speziellen Fall des halbunendlichen, isotropen, homogenen und gespannten Aquifers zwischen zwei parallelen undurchlässigen Rändern mit Abstand a eingesetzt werden. In diesem Fall kann die unendliche Reihe angenähert werden. Das Geschwindigkeitsfeld des Einzelbrunnens ergibt sich aus der Formel (z.B. VERRUIJT 1982)

$$v_{aBx} = -\frac{Q}{4an_f m} \left(\frac{\sinh\left(\frac{\pi (x - x_B)}{a}\right)}{\cosh\left(\frac{\pi (x - x_B)}{a}\right) - \cos\left(\frac{\pi (y - y_B)}{a}\right)} + \frac{\sinh\left(\frac{\pi (x - x_B)}{a}\right)}{\cosh\left(\frac{\pi (x - x_B)}{a}\right) - \cos\left(\frac{\pi (y + y_B)}{a}\right)} \right)$$

$$V_{aBy} = -\frac{Q}{4an_f m}\left(\frac{\sin\left(\frac{\pi(y-y_B)}{a}\right)}{\cosh\left(\frac{\pi(x-x_B)}{a}\right) - \cos\left(\frac{\pi(y-y_B)}{a}\right)}\right.$$

$$\left.+ \frac{\sin\left(\frac{\pi(y-y_B)}{a}\right)}{\cosh\left(\frac{\pi(x-x_B)}{a}\right) - \cos\left(\frac{\pi(y+y_B)}{a}\right)}\right)$$

mit

a: Abstand zwischen den undurchlässigen Rändern

Eine *Mehrbrunnenformel* kann analog durch Überlagerung gewonnen werden.

Da die Ränder undurchlässig sind, muß aus Gründen der Konsistenz darauf geachtet werden, daß die Grundströmung parallel zu den Rändern verläuft.

Die Geschwindigkeitskomponenten des Strömungsfelds sind die Grundlage für die Bahnlinienberechnung. Es gilt

$$V_{ax} = \dot{x} = \frac{dx}{dt} \quad ; \quad V_{ay} = \dot{y} = \frac{dy}{dt}$$

Die Gleichungen bilden ein System von Differentialgleichungen erster Ordnung für den Weg (x(t), y(t)) mit den Anfangsbedingungen $x(t_o) = x_o$ und $y(t_o) = y_o$, wobei x_o, y_o die Startkoordinaten der Bahn zu Beginn der Berechnung sind.

Für die numerische Integration stehen verschiedene Methoden zur Verfügung. Hier wird das RUNGE-KUTTA-Verfahren vierter Ordnung verwendet. Es berücksichtigt, daß sich das Geschwindigkeitsfeld im Zeitintervall (t, t + Δt) entlang des zurückgelegten Weges ändert. Es werden Geschwindigkeiten an Zwischenpunkten berechnet und damit ein mittlerer Wert über das gesamte Zeitintervall geschätzt. Beginnend an den Startkoordinaten eines Teilchens werden die neuen Koordinaten zum Zeitpunkt t + Δt durch folgende Gleichungen berechnet:

$$x(t) = x_0$$
$$y(t) = y_0$$
$$k_1 = \Delta t \cdot V_{ax}(x_0, y_0)$$
$$l_1 = \Delta t \cdot V_{ay}(x_0, y_0)$$

$$k_2 = \Delta t \cdot v_{ax} \left(x_0 + \frac{k_1}{2}, y_0 + \frac{l_1}{2}\right)$$

$$l_2 = \Delta t \cdot v_{ay} \left(x_0 + \frac{k_1}{2}, y_0 + \frac{l_1}{2}\right)$$

$$k_3 = \Delta t \cdot v_{ax} \left(x_0 + \frac{k_2}{2}, y_0 + \frac{l_2}{2}\right)$$

$$l_3 = \Delta t \cdot v_{ay} \left(x_0 + \frac{k_2}{2}, y_0 + \frac{l_2}{2}\right)$$

$$k_4 = \Delta t \cdot v_{ax} (x_0 + k_3, y_0 + l_3)$$

$$l_4 = \Delta t \cdot v_{ay} (x_0 + k_3, y_0 + l_3)$$

$$x(t + \Delta t) = x_0 + \frac{1}{6}(k_1 + 2 \cdot k_2 + 2 \cdot k_3 + k_4)$$

$$y(t + \Delta t) = y_0 + \frac{1}{6}(l_1 + 2 \cdot l_2 + 2 \cdot l_3 + l_4)$$

Über die *Ankunft einer Bahnlinie* an einem Brunnen wird anhand ihrer Entfernung vom Brunnen entschieden. Eine Bahnlinie gilt als angekommen, wenn ihre Entfernung kleiner als eine vorgegebene Entfernung (Grenzradius) ist. Damit ein Brunnen nicht übersprungen werden kann, muß der berechnete Wegschritt kleiner als der vorgegebene Grenzradius sein. Sollte der Schritt größer sein, wird mittels automatischer Schrittsteuerung die Zeitschrittlänge halbiert. Diese zusätzlichen Schritte werden nicht dargestellt.

3.4 Beispiel 1

Der Benutzer sollte sich zunächst anhand der gegebenen Beispiele mit dem Programm vertraut machen, bevor eigene Problemstellungen in Angriff genommen werden. Für die Demonstration des Programms ist in Beispiel 1 ein Entnahmebrunnen in einer parallelen Grundströmung eines unendlichen, isotropen und homogenen Aquifers gegeben.

Hinweis: PAT benutzt ein kartesisches Koordinatensystem, dessen Ursprung sich in der unteren linken Ecke des Bildschirms befindet. Die Größe des auf dem Bildschirm dargestellten Gebietsausschnitts wird vom Benutzer durch die Angabe der Koordinaten des linken unteren und des rechten oberen Eckpunktes festgelegt.

Von dem unendlichen Aquifer wird als Standardvorgabe ein Teilgebiet mit einer Ausdehnung in x-Richtung zwischen 0 und 1100 m und in y-Richtung zwischen 0 und 600 m betrachtet. Die Koordinaten des Brunnens sind x = 800 m und y = 300 m. Die Entnahmerate des Brunnens beträgt -0,005 m³/s. Der Durchläs-

PAT - Berechnung von Bahnlinien und Laufzeiten   77

sigkeitsbeiwert des Aquifers ist k_f = 0,001 m/s, die durchflußwirksame Porosität n_f = 0,1, und die Mächtigkeit beträgt m = 10 m. Der hydraulische Gradient ist I = 0,001, wobei die Grundwasserfließrichtung parallel zur x-Achse in positiver x-Richtung verläuft.

Hinweis: Es können ein unendlicher Aquifer, ein halbunendlicher Aquifer entweder mit einer Staugrenze (undurchlässiger Rand) oder mit einer Anreicherungsgrenze (Festpotentialrand), oder ein unendlicher Streifen mit zwei parallelen undurchlässigen Rändern behandelt werden. Der Rand muß mit der x-Achse übereinstimmen. Bei einem Aquiferstreifen muß einer der beiden Ränder mit der x-Achse übereinstimmen.

Folgende Aufgabenstellungen sollen mit PAT bearbeitet werden:

- Berechnung von Bahnlinien und Isochronen um den Brunnen
- Berechnung der Trennstromlinie

3.4.1   Programmstart

Nach dem Programmstart (s. Installation von PAT) erscheint auf dem Bildschirm das Titelbild (Abb. 41). Nach Drücken einer beliebigen Taste wird das Hauptmenü (Abb. 42) angezeigt.

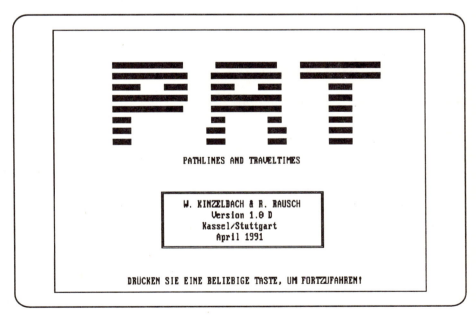

Abb. 41.   Titelbild von PAT

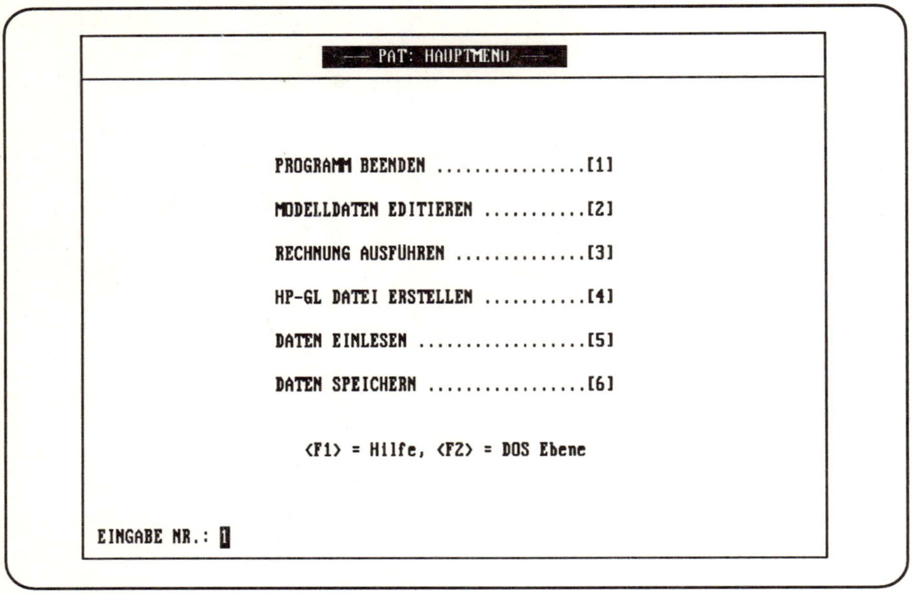

```
         ┌─────────────────────────────────────────────┐
         │              ── PAT: HAUPTMENÜ ──           │
         │                                             │
         │                                             │
         │        PROGRAMM BEENDEN .............[1]    │
         │                                             │
         │        MODELLDATEN EDITIEREN .........[2]   │
         │                                             │
         │        RECHNUNG AUSFÜHREN ............[3]   │
         │                                             │
         │        HP-GL DATEI ERSTELLEN .........[4]   │
         │                                             │
         │        DATEN EINLESEN ................[5]   │
         │                                             │
         │        DATEN SPEICHERN ...............[6]   │
         │                                             │
         │         <F1> = Hilfe, <F2> = DOS Ebene      │
         │                                             │
         │ EINGABE NR.: ▮                              │
         └─────────────────────────────────────────────┘
```

Abb. 42.   Hauptmenü von PAT

Hinweis: Durch Drücken der Funktionstaste <F1> erscheint auf dem Bildschirm ein Hilfetext zum aktuellen Bildschirminhalt, der durch Drücken einer beliebigen Taste wieder verlassen werden kann. Mit Hilfe der <F2>-Taste ist es möglich, zwischenzeitlich auf die DOS-Ebene zu wechseln. Die Rückkehr zu PAT geschieht durch Eingabe von "EXIT" gefolgt von <Return>.

3.4.2 Editieren der Modelldaten

In einem ersten Schritt müssen die Daten und Parameter des oben beschriebenen Beispiels eingegeben werden. Dafür wird aus dem Hauptmenü die Option "MODELLDATEN EDITIEREN" durch Eingabe von "2" <Return> ausgewählt. Es erscheint die folgende Eingabemaske auf dem Bildschirm (Abb. 43).

PAT - Berechnung von Bahnlinien und Laufzeiten

```
                    ┌──────────────────┐
                    │  MODELLPARAMETER │
                    └──────────────────┘

   MODELLTYP:
      unendliche Ausdehnung/undurchlässiger Rand/Festpotentialrand/
      Aquiferstreifen ............... [0/1/2/3] 0
   DIMENSION DES GESCHWINDIGKEITSFELDS:
      x-Minimum ......................... [m] 0
      x-Maximum ......................... [m] 1100
      y-Minimum ......................... [m] 0
      y-Maximum ......................... [m] 600
   AQUIFERPARAMETER:
      Hydraulische Leitfähigkeit ....... [m/s] .001
      Effektive Porosität ............... [-] .1
      Aquifermächtigkeit ................ [m] 10
      Hydraulischer Gradient ............ [-] .001
      Richtung der Grundströmung .... [0-360°] 0


   EINGABE KORREKT ? [J/N]
```

Abb. 43.   Eingabemaske "Modellparameter"

Die Daten und Parameter für das erste Beispiel entsprechen den Standardvorgaben und brauchen daher nur bestätigt zu werden. Wurde versehentlich ein falscher Wert eingegeben, so fahren Sie zunächst mit der Eingabe fort. Bei der Frage "EINGABE KORREKT ? (J/N)" geben Sie jedoch "N" für "Nein" ein und wiederholen die Dateneingabe. Sind alle Daten korrekt eingegeben, antworten Sie mit "J" für "Ja". Danach erscheint die nächste Eingabemaske (Abb. 44).

In dieser Eingabemaske wird nach den Zeitparametern gefragt. Außerdem können ein vierzeiliger Text, die Brunnendaten und die Landmarken eingegeben werden. Die Anzahl der Brunnen und der Landmarken müssen für das vorliegende Beispiel jeweils gleich 1 gesetzt werden. Danach werden die Werte durch Eingabe von "J" bestätigt.

Die *Zeitparameter* bestehen aus der Angabe einer maximalen Zeitdauer für die Berechnung der Bahnlinien, der Länge des Zeitschritts und der Dauer zwischen den graphisch darzustellenden Zeitmarkierungen. Sollen keine Zeitmarkierungen auf den Bahnlinien gezeichnet werden, so ist eine Dauer zwischen den Zeitmarkierungen einzugeben, die größer als die maximale Zeitdauer ist. Das Ergebnis wird durch die Wahl der Länge des Zeitschritts beeinflußt. Zur Erzielung eines genauen Ergebnisses kann ein Variieren der Zeitschrittlänge erforderlich sein. Der Zeichnung kann ein vierzeiliger Text als Legende hinzugefügt werden.

```
              ┌─────────────────────────────────────────────┐
              │              MODELLPARAMETER                │
              │                                             │
              │  ZEITPARAMETER:                             │
              │    Maximale Zeit ................[d] 2000   │
              │    Zeitinkrement ................[d] 10     │
              │    Zeit zwischen den Markierungen .[d] 100   │
              │                                             │
              │  TEXT FÜR DIE ZEICHNUNG:                    │
              │   Text: BAHNLINIEN UND LAUFZEITEN:          │
              │   Text: Parameter:                          │
              │   Text: kf = .001 m/s, m = 10 m, nf = .1, i = .001, alpha = 0
              │   Text:                                     │
              │                                             │
              │  BRUNNENDATEN                               │
              │    Effektiver Brunnenradius ......[m] 10    │
              │    Anzahl der Brunnen ..........[0-30] 1    │
              │                                             │
              │  LANDMARKEN                                 │
              │    Anzahl der Landmarken ........[0-5] 1    │
              │                                             │
              │                                             │
              │  EINGABE KORREKT ? [J/N]                    │
              └─────────────────────────────────────────────┘
```

Abb. 44.   Folge-Eingabemaske "Modellparameter"

Falls keine Angaben gemacht werden, erzeugt das Programm automatisch einen dreizeiligen Text. Neben der Brunnenanzahl muß außerdem ein Grenzradius eingegeben werden. Dieser Radius braucht nicht mit dem wirklichen Brunnenradius übereinzustimmen. Er dient vielmehr der Kontrolle des Zeitschritts. Wenn der räumliche Schritt größer als der Grenzradius ist, wird der Zeitschritt vom Programm in kleinere Zeitschritte unterteilt. So wird verhindert, daß ein Partikel einen Brunnen "überhüpft". Außerdem bestimmt der Brunnenradius die Startpositionen von Bahnlinien, die von einem Brunnen aus starten.

PAT - Berechnung von Bahnlinien und Laufzeiten   81

```
┌─────────────────────────────────────────────┐
│  ┌───────────────────────────────────────┐  │
│  │               LANDMARKEN              │  │
│  ├───────────────────────────────────────┤  │
│  │                                       │  │
│  │  LANDMARKEN:                          │  │
│  │                                       │  │
│  │   Anzahl der Polygonpunkte von Landmarke 1 .......[1-10] 4 │
│  │                                       │  │
│  │                                       │  │
│  │                                       │  │
│  │                                       │  │
│  │                                       │  │
│  │                                       │  │
│  │                                       │  │
│  │  EINGABE KORREKT ? [J/N]              │  │
│  └───────────────────────────────────────┘  │
└─────────────────────────────────────────────┘
```

Abb. 45.   Eingabemaske "Landmarken"


```
┌─────────────────────────────────────────────┐
│  ┌───────────────────────────────────────┐  │
│  │               LANDMARKEN              │  │
│  ├───────────────────────────────────────┤  │
│  │                                       │  │
│  │  KOORDINATEN DES POLYGONZUGS NR.: 1   │  │
│  │                                       │  │
│  │     X[ 1] m 400        Y[ 1] m 200    │  │
│  │     X[ 2] m 600        Y[ 2] m 200    │  │
│  │     X[ 3] m 600        Y[ 3] m 400    │  │
│  │     X[ 4] m 400        Y[ 4] m 400    │  │
│  │                                       │  │
│  │                                       │  │
│  │                                       │  │
│  │  EINGABE KORREKT ? [J/N]              │  │
│  └───────────────────────────────────────┘  │
└─────────────────────────────────────────────┘
```

Abb. 46.   Folge-Eingabemaske "Landmarken"

In den folgenden Eingabemasken werden die *Landmarken* spezifiziert, die in der Graphik dargestellt werden sollen. Es können bis zu 5 Polygone mit je maximal 10 Punkten gezeichnet werden. Nachdem in der zweiten Eingabemaske die Anzahl der Polygone eingegeben wurde, müssen jetzt für jeden Polygonzug die Anzahl der Polygonpunkte sowie deren Koordinaten eingegeben werden. Abbildungen 45 und 46 zeigen die Eingabemasken für die Eingabe der Anzahl der Polygonpunkte und die Koordinaten der einzelnen Punkte. In diesem Beispiel ist die Landmarke ein Quadrat mit der Seitenlänge von 200 m. Die einzelnen Koordinaten lauten (400,200), (600,200), (600,400) und (400,400).

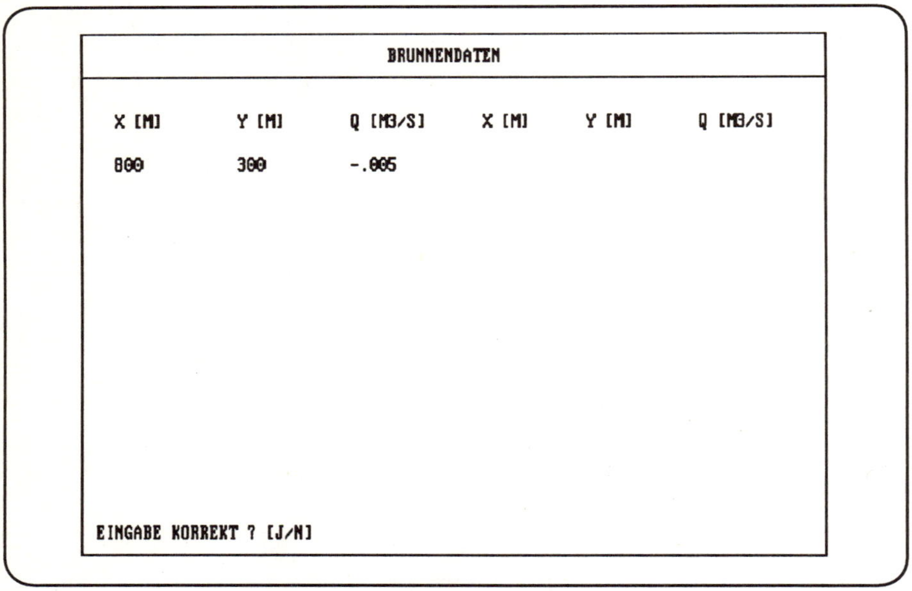

```
                        BRUNNENDATEN

     X [M]        Y [M]        Q [M3/S]     X [M]     Y [M]     Q [M3/S]

     800          300          -.005










     EINGABE KORREKT ? [J/N]
```

Abb. 47.   Eingabemaske "Brunnendaten"

Abbildung 47 zeigt die Eingabemaske für die Eingabe der Brunnendaten. Es müssen die x- und die y-Koordinaten und die Entnahme- bzw. Infiltrationsrate eingegeben werden. Entnahmeraten haben ein negatives Vorzeichen, Infiltrationsraten ein positives Vorzeichen. Nach richtiger Eingabe und Bestätigung durch "J" erfolgt die Rückkehr zum Hauptmenü.

3.4.3   Berechnung von Bahnlinien und Isochronen

Um die Berechnung von Bahnlinien durchzuführen, wird im Hauptmenü die Option "BERECHNUNG AUSFÜHREN" durch Eingabe einer "3", gefolgt von <Return> gewählt. Auf dem Bildschirm erscheinen das Modellgebiet, die Position des Brunnens und die Landmarke (Abb. 48).

PAT - Berechnung von Bahnlinien und Laufzeiten

Die Eingabe der *Startkoordinaten* für die Berechnung erfolgt interaktiv mittels Cursorsteuerung. Der Cursor wird mit Hilfe der Pfeiltasten (↑ ↓ → ←) bewegt. Die Schrittweite des Cursors kann über die <Bild ↑/↓>-Tasten um einen Faktor 10 vergrößert bzw. verkleinert werden. Die Berechnung in Richtung der Grundwasserströmung erfolgt durch Drücken der <Pos1>-Taste. Mit Hilfe der <Einfg>-Taste ist es möglich, die Berechnung rückwärts in der Zeit (entgegen der Grundwasserströmungsrichtung) durchzuführen. Befindet sich der Cursor exakt auf den Koordinaten eines Brunnens, so können bis zu 72 Bahnlinien vom Brunnenrand gestartet werden. Die Standardvorgabe ist 10 Bahnlinien. Zur Berechnung der Bahnlinien muß im Fall eines Infiltrationsbrunnens die <Pos1>-Taste und im Fall eines Entnahmebrunnens die <Einfg>-Taste betätigt werden. Die Berechnung und Darstellung einer Bahnlinie auf dem Bildschirm kann jederzeit mit der <Ende>-Taste gestoppt werden. Ist die gesamte Berechnung abgeschlossen, kehrt man durch Drücken der <Ende>-Taste zum Hauptmenü zurück (Abb. 42).

Im vorliegenden Beispiel bewegen Sie den Cursor in das Zentrum des Entnahmebrunnens und drücken <Einfg>. Für die Anzahl der Bahnlinien akzeptieren Sie die Standardvorgabe von 10 durch Drücken von <Return>. Auf dem Bildschirm werden nun die Bahnlinien der Reihe nach gezeichnet. Gleichzeitig wird für jede Bahnlinie die aktuelle Laufzeit des Partikels angezeigt.

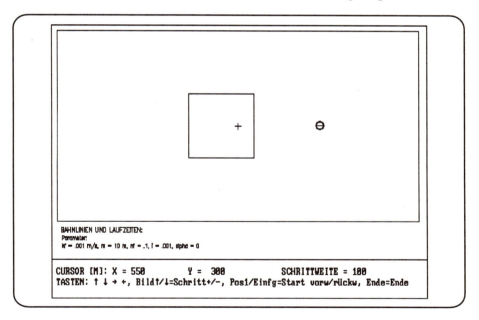

Abb. 48.   Modellgebiet, Position des Brunnens und der Landmarken

Nachdem alle Bahnlinien gezeichnet sind, bewegen Sie den Cursor auf die Startpositionen (1100,301) und (1100,299) und starten jeweils die Berechnung durch Betätigen der <Einfg>-Taste. Nach Zeichnen dieser Bahnlinien sollte der Bildschirm der Abb. 49 entsprechen.

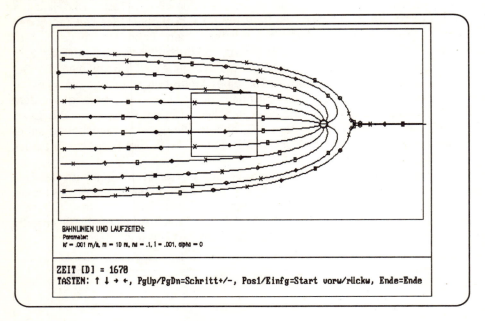

Abb. 49. Bahnlinien und Laufzeiten

3.4.4 Zusätzliche Optionen

Die auf dem Bildschirm angezeigte Darstellung kann als HP-GL-Graphikdatei abgespeichert werden. Dafür muß vor der Berechnung im Hauptmenü die Option 4 "HP-GL-GRAPHIKDATEI ERZEUGEN" gewählt werden. Danach muß der Name eingegeben werden, unter dem die Graphikdatei abgespeichert werden soll. Standardmäßig ist PAT.PGL vorgegeben. Der Maßstab der Darstellung kann auf Wunsch verändert werden. Andernfalls skaliert PAT die Zeichnung automatisch so, daß sie auf ein DIN-A4-Querformat paßt. Es wird vorgeschlagen, zunächst ohne die Plotoption zu arbeiten. Da die Plotdatei sehr groß sein kann, ist vorher darauf zu achten, daß genügend Speicherplatz zur Verfügung steht. Die Plotdatei kann von jedem HP-Plotter (oder kompatiblen Plotter) aufgenommen und gezeichnet werden. Außerdem können mittlerweile die verbreitetsten Textverarbeitungsprogramme HP-GL-Zwischendateien in Texte aufnehmen und ausdrucken.

Mit Hilfe der Option 6 "DATEN SPEICHERN" können die aktuellen Daten und Parameter als Datei abgespeichert und mit der Option 5 "DATEN

EINLESEN" wieder eingelesen werden. Jeder unter MS-DOS erlaubte Dateiname ist möglich. Die Daten dieses Beispiels enthält die Datei "EX1PAT.DAT".

3.5 Beispiel 2

In dem zweiten Beispiel wird eine *Brunnenanordnung*, bestehend aus 2 Entnahme- und 2 Infiltrationsbrunnen, untersucht. Die Daten und Parameter enthält die Datei "EX2PAT.DAT". Abbildung 50 zeigt das mit Hilfe der HP-GL-Plotoption erzeugte Ergebnis.

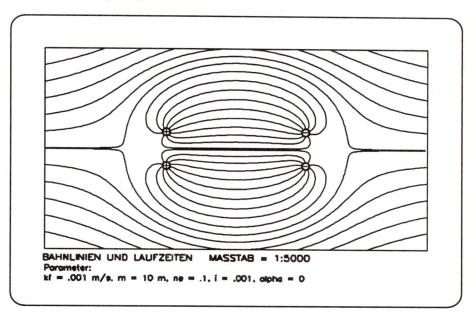

Abb. 50.   HP-GL-Plot: Bahnlinien und Laufzeiten

Hinweis: Beachten Sie, daß die Zeichnung hier nicht maßstabgerecht dargestellt ist. Entnahmebrunnen sind durch ein eingeschriebenes Minuszeichen, Infiltrationsbrunnen durch ein eingeschriebenes Pluszeichen gekennzeichnet.

3.6   Durchführen von Programmänderungen

Auf der Programmdiskette ist der Quellcode des Programms PAT enthalten. Damit ist es möglich, das Programm nach eigenen Wünschen und Erfordernissen zu verändern bzw. zu ergänzen.
PAT ist in Microsoft QuickBASIC (Version 4.0) geschrieben. Der Quellcode ist als ASCII-Datei unter dem Namen "PAT.BAS" abgespeichert. Die Datei kann mit jedem beliebigen Texteditor eingesehen und verändert werden. Für die Über-

setzung des Programms ist der Microsoft QuickBASIC Compiler Version 4.0 oder höher erforderlich. Alle Module des Programms benutzen die Bibliotheksdatei PATSUB.LIB. Bei der Übersetzung muß deshalb PATSUB.LIB mit dem ausführbaren Code gebunden werden. Weitere Informationen, die Übersetzen und Binden betreffen, sind dem Handbuch von QuickBASIC zu entnehmen.

4 WSG – Einzugsgebiet eines Einzelbrunnens in paralleler Grundströmung, n-Tagelinien
(R. Rausch und A. Voss 1991)

4.1 Einleitung

Das Programm WSG (**W**asser-**S**chutz-**G**ebiet) berechnet für einen Einzelbrunnen in einer parallelen Grundströmung die Trennstromlinie, geometrische Kenngrössen des Strömungsbilds sowie den Verlauf einer n-Tagelinie innerhalb der Trennstromlinie. Dabei wird der betrachtete Aquifer als unendlich ausgedehnt, isotrop und homogen vorausgesetzt. Die stationäre, parallele Grundströmung verläuft in Richtung der negativen x-Achse. Bei dem Brunnen handelt es sich um einen vollkommenen Entnahmebrunnen mit einer konstanten Entnahmerate. Unter diesen Voraussetzungen lassen sich die Laufzeit eines Teilchens im Grundwasser von einem beliebigen Punkt zum Entnahmebrunnen sowie die Trennstromlinie mit Hilfe analytischer Formeln berechnen. Weiterhin setzt das Programm voraus, daß die Strömung räumlich zweidimensional (2D) ist und gespannte Grundwasserverhältnisse vorliegen. Es kann aber auch auf freie Aquifere angewandt werden, wenn die räumliche Variabilität der Wasserspiegelhöhen (z.B. Absenkungen) klein gegenüber der Aquifermächtigkeit ist.

Die Anwendung des Programms wird durch die bildschirmorientierte und interaktive Eingabe erleichtert. Alle erforderlichen Daten werden über Eingabemenüs interaktiv im Dialog eingegeben und in gewissem Maß auf ihre Plausibilität überprüft. Eine Kurzbeschreibung des Programms enthält der Hilfetext, der jederzeit einsehbar ist.

Die Ergebnisse der Berechnung werden auf dem Bildschirm graphisch dargestellt. Zusätzlich besteht die Möglichkeit, eine HP-GL(Hewlett-Packard-Graphics-Language)-Graphikdatei zu erzeugen. Diese kann direkt auf einem HP- oder HP-kompatiblen Plotter ausgegeben oder in DTP-Programme (Desk-Top-Publishing-Programme) importiert werden, die HP-GL-Graphikdateien einlesen können. Beispiele für Textverarbeitungsprogramme, die HP-GL-Graphikdateien importieren können, sind Word Perfect und Microsoft Word.

4.2 Installation

Die Installation des Programms WSG auf dem PC ist nach der im Anhang beschriebenen Methode durchzuführen.

In der Tabelle 13 sind die mitgelieferten Dateien aufgelistet. Um das Programm zu starten, geben Sie "WSG" auf der DOS-Ebene ein und drücken Sie die <Enter>-Taste. Startet das Programm nicht, überprüfen Sie, ob sich die Datei "WSG.EXE" im aktuellen Verzeichnis befindet bzw. wechseln Sie in das korrekte Verzeichnis, und starten Sie erneut.

Tabelle 13. Dateien auf der Programm-CD

Dateiname	Beschreibung
WSG.EXE	Ausführbare Version von WSG
WSG.BAS	Quellcode
WSGSUB.BAS	Bibliothek für WSG (Quellcode)
WSGSUB.LIB	Übersetzte Bibliothek für WSG
WSGSUB.QLB	Quick-Bibliothek für WSG

4.3 Theoretischer Hintergrund

In einem gespannten Aquifer stellt der Einzelbrunnen in paralleler Grundströmung eine relativ einfache Strömungssituation dar. Das Einzugsgebiet des Entnahmebrunnens ist gekennzeichnet durch die Lage des Staupunkts und die Größe der *Entnahmebreite* (Abb. 51). Im *Staupunkt* heben sich Filtergeschwindigkeit der Grundströmung und die durch den Brunnen induzierte Geschwindigkeit auf, d.h. in diesem Punkt ist die Strömungsgeschwindigkeit gleich Null.

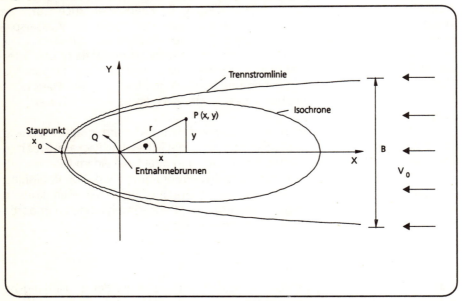

Abb. 51. Einzugsgebiet des Entnahmebrunnens

Die Entfernung des auf der x-Achse liegenden Staupunkts x_0 vom Entnahmebrunnen berechnet sich aus der Entnahmerate Q, der Aquifermächtigkeit m und der Filtergeschwindigkeit der Grundströmung v_0 zu

$$x_0 = \frac{Q}{2\pi m\, v_0}$$

Die asymptotische Entnahmebreite B berechnet sich zu

$$B = \frac{Q}{m\, v_0}$$

Für die Beurteilung des zeitlichen Aspekts ist bei der Betrachtung der Laufzeit eines Wasserteilchens bzw. eines Tracers in den Poren des Aquifers die Abstandgeschwindigkeit v_a maßgebend.

$$v_a = \frac{v_0}{n_f}$$

Die *Abstandsgeschwindigkeit* ist die tatsächliche mittlere Geschwindigkeit des Grundwassers und wird ermittelt durch Division der Filtergeschwindigkeit durch die durchflußwirksame Porosität n_f. Sie ist grundsätzlich größer als die Filtergeschwindigkeit.

Eine *Isochrone* bzw. n-Tagelinie ist eine Linie gleicher Laufzeit, d.h. jeder Punkt der Isochrone liegt in der gleichen zeitlichen Entfernung zum Entnahmebrunnen. Für die Laufzeit t eines Wasserteilchens läßt sich unter der Voraussetzung einer parallelen Grundströmung eine geschlossene Formel angeben. Nach BEAR und JACOBS (1965) berechnet sich die Laufzeit eines Partikels vom Punkt (x,y) zu einem Entnahmebrunnen (0,0), der mit einer konstanten Pumprate Q Wasser dem Aquifer entnimmt, wie folgt:

$$t = \frac{n_f Q}{2\pi m v_0^2}\left[x\frac{2\pi m v_0}{Q} - \ln\left(x\frac{\sin(y 2\pi m v_0 / Q)}{y} + \cos\left(\frac{y 2\pi m v_0}{Q}\right)\right)\right]$$

Wenn die Aquiferparameter bekannt sind und die Laufzeit vorgegeben ist, lassen sich die Punkte (x,y) ermitteln, die in der gleichen zeitlichen Entfernung vom Entnahmebrunnen liegen. Zur Berechnung der Koordinaten x, y wird im Programm das Bisektionsverfahren verwendet. Die Verbindung aller Punkte ergibt die Isochrone.

Ist das Argument des Logarithmus für einen gegebenen Startpunkt (x,y) Null oder negativ, existiert keine Ankunftszeit, d.h. der Punkt liegt außerhalb der Trennstromlinie. Damit ist die Gleichung der Trennstromlinie gegeben als

$$0 = \frac{x}{y} \cdot \sin\left(\frac{y 2\pi m v_0}{Q}\right) + \cos\left(\frac{y 2\pi m v_0}{Q}\right)$$

Die Darstellung der Trennstromlinie ist besonders einfach, wenn statt der kartesischen Koordinaten x, y Polarkoordinaten r, φ benutzt werden (Abb. 51).

$$\frac{x}{r} \sin\varphi = -\frac{y}{r} \cos\varphi$$

$$r = \sqrt{x^2 + y^2}$$

$$\varphi = \arctan\frac{y}{x}$$

Auf der Trennstromlinie gilt:

$$-\varphi = \frac{2\pi \, m v_0}{Q} y$$

Für die praktische Berechnung wird der Winkel φ vorgegeben und zunächst y bestimmt. Weiterhin gilt:

$$\tan\left(\frac{2\pi \, m v_0 y}{Q}\right) = -\frac{y}{x}$$

Durch Umstellung dieser Formel läßt sich die zugehörige x-Koordinate ermitteln aus:

$$x = -\frac{y}{\tan\varphi}$$

4.4 Beispiel

Nach dem Start des Programms erscheint zunächst das Titelbild von WSG (Abb. 52). Nach Drücken einer beliebigen Taste erscheint das Hauptmenü (Abb. 53).
Zur Eingabe der Parameter wählen Sie aus dem Hauptmenü die Option 2 "Editieren der Eingabedaten".

Für die Demonstration des Programms ist ein Entnahmebrunnen gegeben, der aus dem Aquifer mit einer konstanten Pumprate Q = 10 l/s Wasser entnimmt. Die Mächtigkeit des Aquifers betrage 10 m und die Durchlässigkeit $k_f = 1 \times 10^{-3}$ m/s. Somit ist als Wert für die Transmissivität T = k_f × m = 0,01 m²/s einzugeben. Das hydraulische Gefälle betrage I = 1 ‰ und die durchflußwirksame Porosität n_f = 10 %. Es soll eine Isochrone mit einer Laufzeit von 1 a = 365 d berechnet werden.

Abb. 52. WSG-Titelbild

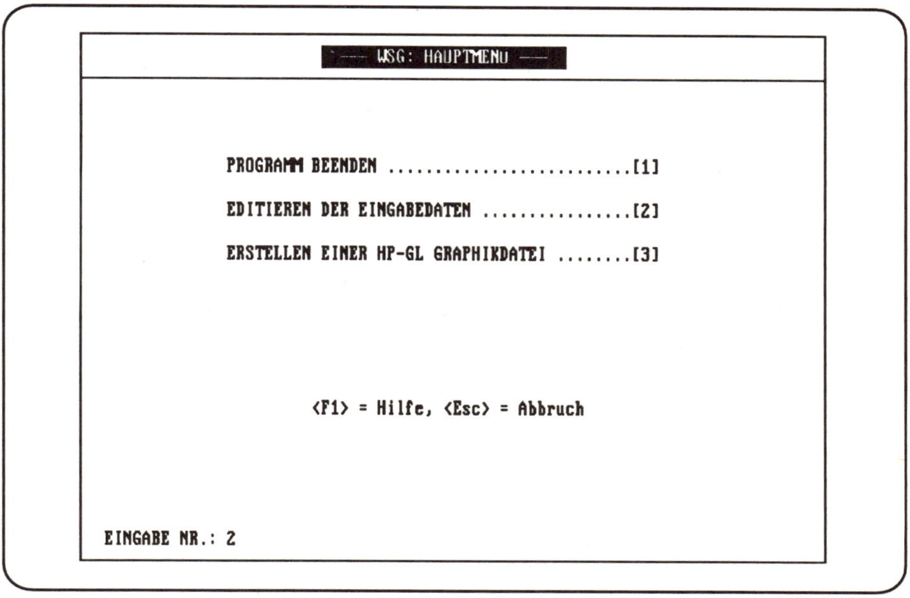

Abb. 53. WSG-Hauptmenü

In Abb. 54 sind die Parameterwerte für das Beispiel dargestellt. Nach Bestätigung der Eingabe durch Drücken von "J" auf die Frage "Eingabe korrekt [J/N]?" wird der Bildschirm neu aufgebaut und das Ergebnis graphisch dargestellt (Abb. 55). Es werden die Trennstromlinie und die 365-Tagelinie gezeichnet. Die geometrischen Kenngrößen des Strömungsbilds werden in der unteren Hälfte des Bildschirms ausgedruckt. In diesem Beispiel beträgt die Entnahmebreite B = 1000 m, und der Staupunkt liegt auf der x-Achse bei x_0 = -159 m. Die 365-Tagelinie schneidet die x-Achse bei x_1 = -151 m und x_2 = 554 m. Die Abstandsgeschwindigkeit der Grundströmung beträgt v_{a0} = 0,864 m/d.

```
                    ┌─ DATENEINGABE ─┐

    EINGABE DER PARAMETER:

        Mächtigkeit des Aquifers (m) ................[m]    10
        Transmissivität (T) .........................[m2/s] .01
        Hydraulischer Gradient der Grundströmung (I) ...[-] .001
        Durchflußwirksame Porosität (nf) ...............[-] .1
        Entnahmerate (Q) ............................[m3/s] .01
        Laufzeit (t) ..................................[d]  365

    ZEICHNUNGSAUSSCHNITT:

        X-Minimum .....................................[m] -300
        X-Maximum .....................................[m] 1500
        Y-Minimum .....................................[m] -500
        Y-Maximum .....................................[m] 500



    EINGABE KORREKT [J/N]?
```

Abb. 54.   Parameterwerte

Hinweis: Der Hilfetext kann jederzeit durch Drücken von <F1> auf dem Bildschirm dargestellt werden. Nach Drücken der <Ende>-Taste wird der Hilfetext wieder gelöscht.

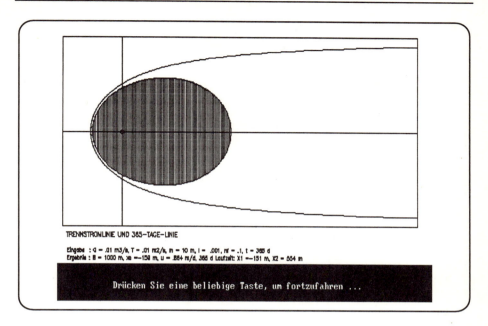

Abb. 55. Graphische Darstellung der Trennstromlinien und der 365-Tagelinie

Wenn Sie eine HP-GL-Graphikdatei erstellen möchten, wählen Sie vor der Dateneingabe im Hauptmenü die Option 3 "Erstellen einer HP-GL-Graphikdatei". In den folgenden Eingabemasken geben Sie den Namen der Graphikdatei (Abb. 56) sowie den Maßstab (Abb. 57) ein. Durch Drücken von <Enter> wählen Sie die Standardvorgabe "WSG.PLG". Abbildung 58 zeigt das Ergebnis des Beispiels als HP-GL Graphikdatei. Beachten Sie, daß die Zeichnung nicht maßstabgerecht dargestellt ist.

```
┌─────────────────────────────────────┐
│         PROGRAMM: WSG               │
├─────────────────────────────────────┤
│ HP-GL Graphikdatei erstellen        │
│                                     │
│  Name der HP-GL Graphikdatei: WSG.PGL│
│                                     │
│                                     │
│                                     │
│                                     │
│ EINGABE KORREKT [J/N]?              │
└─────────────────────────────────────┘
```

Abb. 56.   Eingabemaske zur Erstellung einer HP-GL-Graphikdatei

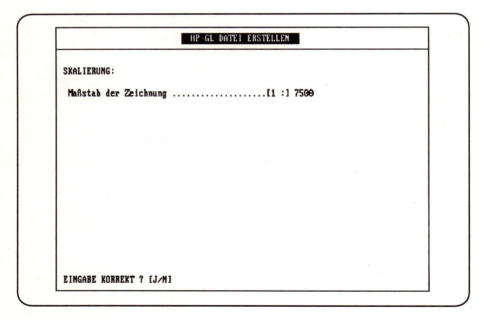

Abb. 57.   Bestimmung des Maßstabs

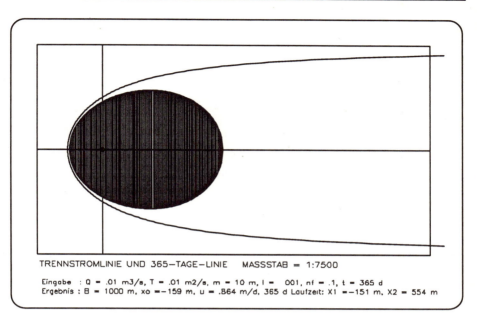

Abb. 58.   Ergebnis als HP-GL-Graphikdatei

4.5   Durchführen von Programmänderungen

Auf der Programmdiskette ist der Quellcode des Programms WSG enthalten. Damit ist es möglich, das Programm nach eigenen Wünschen und Erfordernissen zu verändern bzw. zu ergänzen.

WSG ist in Microsoft QuickBASIC (Version 4.0) geschrieben. Der Quellcode ist als ASCII-Datei unter dem Namen "WSG.BAS" abgespeichert. Die Datei kann mit jedem beliebigen Texteditor eingesehen und verändert werden. Für die Übersetzung des Programms ist der Microsoft QuickBASIC Compiler Version 4.0 oder höher erforderlich. Alle Module des Programms benutzen die Bibliotheksdatei WSGSUB.LIB. Bei der Übersetzung muß deshalb WSGSUB.LIB mit dem ausführbaren Code gebunden werden. Weitere Informationen, die Übersetzen und Binden betreffen, sind dem Handbuch von QuickBASIC zu entnehmen.

5   CATTI – Rechnergestützte Tracertestauswertung
(J.-P. Sauty, W. Kinzelbach und A. Voss 1991)

5.1   Einleitung

Die vorliegende Dokumentation enthält Informationen über den Einsatz und die Anwendung des Programms CATTI (**C**omputer **A**ssisted **T**racer **T**est **I**nterpretation).

CATTI ist ein Programm zur *Auswertung von Daten*, die *aus Tracertests* gewonnen wurden. Das Programm berechnet Durchgangskurven von Tracern in Grundwassermeßstellen bei bekannten Parametern oder bestimmt die Aquiferparameter (z.B. α_L und α_T oder die Grundwasserfließrichtung) aus gegebenen Durchgangskurven. Die Berechnung erfolgt unter Annahme einer parallelen Grundströmung in einem homogenen Aquifer in ein oder zwei räumlichen Dimensionen oder unter der Annahme einer Radialströmung. Dabei können wahlweise ein oder zwei Schichten berücksichtigt werden. Die Zugabe des Tracers kann instantan oder kontinuierlich erfolgen.

CATTI wird anhand zweier ausführlicher Beispiele vorgestellt. Die Anwendung des Programms wird durch die bildschirmorientierte und voll interaktive Eingabe erleichtert. Ergebnisse werden auf dem Bildschirm graphisch dargestellt. Neben einer Anpassung berechneter Kurven an Meßwerte durch Probieren bzw. manuelles Variieren der Parameter erlaubt CATTI auch eine automatische Anpassung auf der Basis der Methode der kleinsten Fehlerquadrate.

5.2   Installation

Die Installation des Programms CATTI auf dem PC ist nach der im Anhang beschriebenen Methode durchzuführen.

In Tabelle 14 sind die mitgelieferten Dateien aufgeführt. Die Dateien SAMPLE1.CAT und SAMPLE2.CAT sind nur als Beispiele für die Erläuterung der Programmbenutzung notwendig und können später gelöscht werden.

Tabelle 14.   Dateien auf der Programm-CD

Dateiname	Beschreibung
CATTI.EXE	Ausführbare Version von CATTI
CATTI.BAS	Quellcode von CATTI
BIBLI.BAS	Quellcode von BIBLI (Bibliothek für CATTI)
SIMUL.BAS	Quellcode von SIMUL
PLUME.BAS	Quellcode von PLUME
POP.BAS	Quellcode von POP
SAMPLE1.CAT	Datensatz für Beispiel 1
SAMPLE2.CAT	Datensatz für Beispiel 2

CATTI - Rechnergestützte Tracertestauswertung

Um das Programm zu starten, geben Sie "CATTI" auf der DOS-Ebene ein, und drücken Sie <Return>. Startet das Programm nicht, überprüfen Sie, ob alle Dateien im aktuellen Verzeichnis vorhanden sind bzw. wechseln Sie in das richtige Verzeichnis, und starten Sie erneut.

5.3 Theoretische Grundlagen

Das Ergebnis eines Tracertests besteht aus *Konzentrationsdaten* $c(i,t_j)$, die an einer oder mehreren Grundwassermeßstellen i oder an einem Entnahmebrunnen zu diskreten Zeiten t_j gemessen wurden. Die Auswertung der Daten geht von einer analytischen oder numerischen Lösung der Transportgleichung aus und bestimmt die in der Lösung vorkommenden unbekannten *Transportparameter* so, daß die Summe der quadratischen Abweichung zwischen den gemessenen und berechneten Konzentrationswerten minimal wird. Die Wahl der Lösung zusammen mit den berechneten Parametern machen die Interpretation der Tracertestdaten aus. Die folgenden Lösungen der Transportgleichung können gewählt werden:

5.3.1 1D-Strömung mit instantaner Injektion

Die erste Option im Menü "Wahl der anlytischen Lösung" ist die Lösung für die instantane Injektion (DIRAC-Puls) einer Tracermasse in eine eindimensionale homogene Strömung. Die longitudinale Dispersivität wird als konstant angenommen. Die Injektion erfolgt zur Zeit t = 0 und am Ort x = 0. Die Konzentration an einem beliebigen Ort x zur Zeit t ist gegeben durch

$$c(x,t) = \frac{\Delta M}{2An_f \sqrt{\pi D_L t}} \cdot \exp\left(-\frac{(x - v_a t)^2}{4D_L t}\right) \exp(-\lambda t)$$

wobei

- ΔM: injizierte Tracermasse [kg]
- x: Entfernung des Meßpunktes vom Injektionspunkt [m]
- A: Querschnittsfläche der Strömung [m²]
- n_f: durchflußwirksame Porosität [-]
- D_L: longitudinaler Dispersionskoeffizient [m²/s]
- v_a: Abstandsgeschwindigkeit der Grundströmung [m/s]
- λ: Abbaurate [1/s]

Diese Lösung ist bei Verschmutzungsproblemen oder Tracertests im Feld nur begrenzt anwendbar. Sie kann jedoch als *Referenzlösung* oder zur *Interpretation von Säulenversuchen* angewandt werden. Neben der üblichen Berechnung eines einschichtigen Aquifers bietet CATTI die Möglichkeit, eine Lösung für 2 Schichten zu berechnen, die nicht miteinander wechselwirken. Dabei wird die gesamte Injektion auf die 2 Schichten aufgeteilt.

5.3.2 1D- Strömung mit instantaner Injektion in 2 wechselwirkenden Schichten

Die dritte Option des Menüs bietet die 1D-Lösung für 2 miteinander in Verbindung stehenden Schichten bzw. Medien (*doppelt poröses Medium*). Beide Schichten können eine konvektive Transportgeschwindigkeit haben, die größer als Null ist. Die Lösung benutzt die Finite-Differenzen-Methode (FD-Methode). Die schematische Diskretisierung ist in Abb. 59 dargestellt. Die Diskretisierung ist in beiden Schichten gleich. Die gesamte Anzahl der Knoten NTN ist in 3 Bereiche eingeteilt. Der erste Bereich mit NNUI Knoten reicht vom oberstromigen Rand bis zum Injektionspunkt, der zweite mit NNIM Knoten vom Injektionspunkt zum Meßpunkt und der dritte Bereich vom Meßpunkt bis zum unterstromigen Rand. Das Differenzenschema kann vom Benutzer durch die 3 Gewichtungsparameter DIMP, CIMP und CUPW definiert werden. Die Gewichtungsfaktoren für die zeitliche Gewichtung des Dispersions- und Konvektionsterms bzw. die räumliche Gewichtung des Konvektionsterms liegen zwischen 0 und 1. Sind die beiden Gewichtungsfaktoren DIMP = 0 und CIMP = 0, führt dies zu einem expliziten Dispersions- und Konvektionsterm, während die Wahl beider Gewichtungsfaktoren gleich 1 zu voll impliziten Termen führt. Ein räumlicher Gewichtungsfaktor CUPW = 1 erzeugt einen "upwind"-Konvektionsterm, während CUPW = 0,5 räumlich zentralen Differenzen entspricht. Die Wahl des "upwind"-Konvektionsterms führt zu erhöhter numerischer Dispersion. Dagegen neigen zentrale Differenzen mehr zu Oszillationen. Es wird vorgeschlagen, mit zentralen Differenzen (CUPW = 0,5) zu arbeiten. Das Kriterium, daß die COURANT-Zahl

$$Co = \frac{v_a \cdot \Delta t}{\Delta x} \leq 1$$

und die PECLET-Zahl

$$Pe = \frac{\alpha_L}{\Delta x} < 2$$

bleibt, kann durch die richtige Wahl der räumlichen Diskretisierung erreicht werden. Ist Co in der schnelleren Schicht 1, so ist Co automatisch auch in der langsameren Schicht < 1. Implizite Verfahren haben den Vorteil der unbedingten Stabilität.

Der Austauschterm zwischen den beiden Medien (oder Schichten) hat die Form

$$\frac{\partial c}{\partial t} = k \cdot (c_1 - c_2)$$

CATTI - Rechnergestützte Tracertestauswertung 99

Da dieser Term explizit diskretisiert wird, muß das Stabilitätskriterium

$$\Delta t < \frac{1}{2 \cdot k}$$

eingehalten werden. Das Kriterium wird während der Eingabe der Parameter überprüft.
Die Parameter der Lösung der Gleichung sind:

x:	Entfernung zwischen Meßstelle - Injektionspunkt [m]
λ:	Abbaurate erster Ordnung [1/s]
ΔM_1, ΔM_2:	Masse des injizierten Stoffes in jedem Medium [kg]
v_{01}, v_{02}:	DARCY-Geschwindigkeit in jeder Schicht [m/s]
n_{f1}, n_{f2}:	durchflußwirksame Porosität in jeder Schicht [-]
m_1, m_2:	Schichtdicke der einzelnen Schichten [m]
k:	Austauschparameter [1/s]
COURANT:	COURANT-Zahl in der schnellen Schicht [-]
XPOV:	maximale Simulationszeit gegeben als Porenvolumen längs der Säule [s]

Diese Lösung der Transportgleichung kann auch angewandt werden, wenn *nur eine Schicht* vorhanden ist. Dazu muß entweder der Austauschparameter k = 0 gesetzt oder es müssen für beide Schichten identische Parameter gewählt werden.

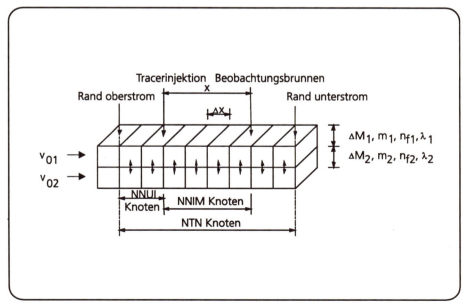

Abb. 59.   Räumliche Diskretisierung von 2 Schichten

5.3.3 2D-Parallelströmung mit instantaner Injektion

Die zweidimensionale Lösung der Transportgleichung für einen DIRAC-Puls mit konstanten Dispersivitäten wird am häufigsten für die *Auswertung von Tracertests in einer natürlichen Grundströmung* angewandt. Sie wird in der zweiten Option des Modellauswahlmenüs angeboten. Die Injektion erfolgt zur Zeit t = 0 und am Ort (x,y) = (0,0). Die Konzentration an einem beliebigen Ort (x,y) zur Zeit t ist gegeben durch

$$c(x,y,t) = \frac{\Delta M}{4\pi \, mn_f \sqrt{D_L D_T} \, t} \exp\left(-\frac{(x - v_a t)^2}{4 D_L t} - \frac{y^2}{4 D_T t}\right) \exp(-\lambda t)$$

wobei

D_T: transversaler Dispersionskoeffizient [m²/s]
(x,y): Koordinaten des Meßpunkts [m], wobei die x-Achse parallel zur Grundwasserfließrichtung orientiert sein muß
m: Mächtigkeit des Aquifers [m]

Diese Lösung entspricht der zweiten Wahlmöglichkeit im CATTI-Menü. Es wird davon ausgegangen, daß die Richtung der Grundströmung bekannt ist und parallel zur x-Achse verläuft. Dies ist nicht immer der Fall. Fehler in der Fließrichtung liegen häufig in der Größenordnung von 10° bis 20°. Daher wird vorgeschlagen, die Fließrichtung in die Liste der Parameter aufzunehmen, die aus den Meßdaten bestimmt werden. Voraussetzung dafür ist, daß Konzentrationswerte an mindestens 2 Grundwassermeßstellen vorhanden sind. Für die Anwendung der Gleichung auf ein Experiment mit DIRAC-Puls und unbekannter Fließrichtung muß eine Koordinatentransformation vorgenommen werden (Abb. 60):

$$x' = x \cdot \cos\theta + y \cdot \sin\theta \quad , \quad y' = -x \cdot \sin\theta + y \cdot \cos\theta$$

θ ist der unbekannte Winkel zwischen der Grundwasserfließrichtung und der x-Achse. Die gedrehte Lösung ist die fünfte Wahlmöglichkeit im CATTI-Menü.

Lösungen mit einem konstanten α_L führen zu einer unrealistischen Dispersion stromauf von der Quelle. In der Natur wird ein Anwachsen von Dispersivitäten mit der Fließzeit bzw. mit dem Fließabstand beobachtet. Dieses kann in der analytischen Formel durch ein empirisches Wachstumsgesetz berücksichtigt werden. Für willkürliche zeitabhängige Dispersivitäten $\alpha_L(t)$ und $\alpha_T(t)$ lautet die Gleichung (z.B. CSANADY 1973):

$$c(x,y,t) = \frac{\Delta M}{2\pi \, mn_f \, \sigma_L(t)\sigma_T(t)} \exp\left(-\frac{(x - v_a t)^2}{2\sigma_L^2(t)} - \frac{y^2}{2\sigma_T^2(t)}\right) \exp(-\lambda t)$$

mit

$$\sigma_L^2(t) = 2 \int_0^\infty \alpha_L(t) \, v_a \, dt$$

$$\sigma_T^2(t) = 2 \int_0^\infty \alpha_T(t) \, v_a \, dt$$

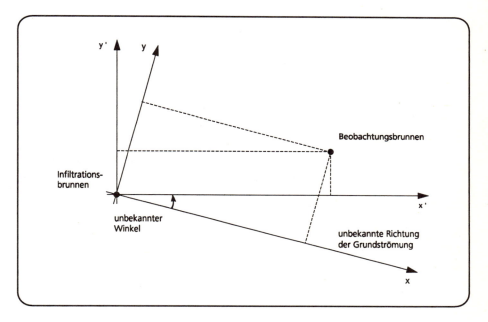

Abb. 60. Koordinatentransformation bei unbekannnter Fließrichtung

Das Programm CATTI benutzt die Zeitabhängigkeit der Dispersivitäten, wie sie von TAYLOR (1953) für die Dispersion in laminarer Kapillarströmung vorgeschlagen wird (Abb. 61)

$$\alpha(t) = \alpha_\infty \left[1 - \exp\left(-\frac{t}{P}\right) \right]$$

mit den Varianzen

$$\sigma_L^2(t) = 2 \, \alpha_{L\infty} \, v_a \, t \left[1 + \frac{P_L}{t} \left(\exp\left(-\frac{t}{P_L}\right) - 1 \right) \right]$$

$$\sigma_T^2(t) = 2 \, \alpha_{T\infty} \, v_a \, t \left[1 + \frac{P_T}{t} \left(\exp\left(-\frac{t}{P_T}\right) - 1 \right) \right]$$

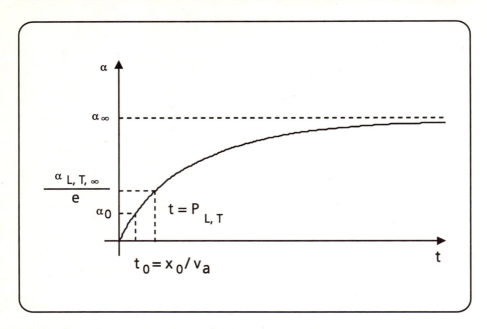

Abb. 61. Exponentielle Zeitabhängigkeit der Dispersivität

Die Lösung mit veränderlichen Dispersivitäten ist die vierte Wahlmöglichkeit im CATTI-Menü. Im Gegensatz zu der Lösung mit konstanten Dispersivitäten sind zwei zusätzliche Parameter einzugeben:

P_L: Zeit für die Annäherung an den asymptotischen Wert α_L
P_T: Zeit für die Annäherung an den asymptotischen Wert α_T

Bei Eingabe kleiner Werte für diese beiden Parameter geht die Lösung in die Lösung von Option 2 über.

5.3.4 Konvergente Radialströmung mit instantaner Injektion (angenäherte Lösung)

Für den Tracertest in der unmittelbaren Umgebung eines Entnahmebrunnens kann eine konvergente Radialströmung angenommen werden. Bisher existiert für diese Situation keine exakte analytische Lösung. Eine gute Näherung für die Lösung ist die Formel

$$c(r,t) = \frac{\Delta M}{2Q\sqrt{\pi \alpha_L v_a}\, t^{3/2}} \exp\left(-\frac{(r - v_a t)^2}{4 D_L t}\right) \exp(-\lambda t)$$

wobei
- Q: Pumprate des Entnahmebrunnens [m³/s]
- r: radiale Entfernung [m]

Die Option mit zwei unabhängigen, nicht miteinander in Verbindung stehenden Schichten ist ebenfalls vorhanden. Die angenäherte Lösung sollte nur angewandt werden, wenn die PECLET-Zahl > 3 ist. Dies bedeutet, daß die Entfernung zwischen Injektionspunkt und Entnahmebrunnen mindestens dreimal so groß wie die longitudinale Dispersivität sein muß.

5.3.5 Konvergente Radialströmung mit instantaner Injektion in zwei wechselwirkenden Schichten (numerische Lösung)

Die siebte Wahlmöglichkeit im CATTI-Menü enthält die numerische Lösung für den Fall der konvergenten Radialströmung. Sie erlaubt auch 2 wechselwirkende Schichten bzw. Medien. Die Diskretisierung ist schematisch in Abb. 62 dargestellt. Bei der Diskretisierung wird der modellierte räumliche Ausschnitt mit NTN-Knoten in 2 Bereiche eingeteilt. Ein Bereich ist das Gebiet vom Entnahmebrunnen bis zum Injektionspunkt mit NNIM-Knoten und der zweite Bereich das Gebiet vom Injektionspunkt bis zum oberstromigen Rand. Die Einteilung erfolgt in Finiten Differenzen wie schon in Kap. 5.3.2 beschrieben. Die Abstände der Knoten sind nicht äquidistant. Sie werden so gewählt, daß die Volumina der konzentrischen, kreisringförmigen Zellen gleich groß sind. Im Gegensatz zum linearen Fall verläuft die Numerierung der Zellen vom Brunnen zum Injektionspunkt. Beide Schichten werden in der gleichen Weise diskretisiert. Das Differenzenschema wird wieder durch die Wahl der Gewichte DIMP, CIMP und CUPW bestimmt. Die Eingabeparameter sind

- x: Entfernung zwischen Injektionspunkt und Entnahmebrunnen [m]
- COURANT: COURANT-Zahl in der schnellen Schicht [-], definiert durch $COURANT = Q \cdot t / V$, wobei Q der Durchfluß in der Zelle und V das Volumen der Zelle ist
- RWELL: Radius des Entnahmebrunnens [m]
- XPOV: maximale Simulationszeit ausgedrückt durch das Wasservolumen, das seit t = 0 aus dem Brunnen entnommen wurde [s]
- $\Delta M_1, \Delta M_2$: injizierte Tracermasse in jeder Schicht [kg]
- Q_1, Q_2: Anteil der Pumprate, der in einer Schicht fließt [m³/s]
- n_{f1}, n_{f2}: durchflußwirksame Porosität in jeder Schicht [-]
- α_1, α_2: longitudinale Dispersivität in jeder Schicht [m]
- m_1, m_2: Schichtdicke der einzelnen Schichten [m]

Diese Lösung der Transportgleichung kann auch angewandt werden, wenn nur eine Schicht vorhanden ist. Dazu muß entweder der Austauschparameter k = 0 gesetzt oder es müssen für beide Schichten identische Parameter gewählt werden.

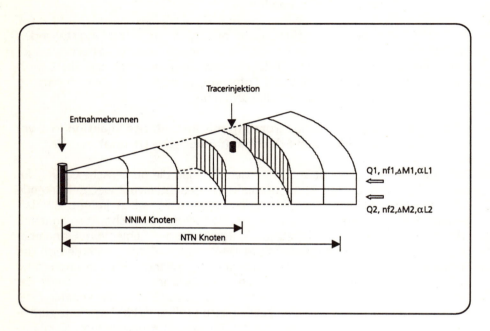

Abb. 62.   Axialsymmetrische räumliche Diskretisierung

5.3.6   2D-Parallelströmung mit permanenter Injektion

Die Bedingungen für eine permanente Injektion bestehen bei In-situ-Tracertests selten. Zum einen sind die Kosten aufgrund der benötigten großen Tracermasse sehr hoch, und zum anderen ist es schwer, ein erfolgreiches Monitoring während des gesamten Tracertests aufrechtzuerhalten. Die permanente Injektion ist allerdings eine gute Näherung zur Nachbildung einer Schadstofffahne, wie sie sich nach einer längeren Schadstoffzufuhr und nachfolgendem Transport im Aquifer unter natürlichen Bedingungen ausbildet. Die entsprechende Lösung erhält man durch Konvolution der Lösung für einen DIRAC-Puls. Es besteht die Möglichkeit, zwischen konstanten und mit der Fließzeit veränderlichen Dispersivitäten zu wählen. Die Lösungen für beide Fälle sind gegeben durch die Formeln:

Konstante Dispersivitäten:

$$c(x,y,t) = \frac{q\,c_0}{4\pi m n_f \alpha_L \alpha_T v_a} \int_0^t \frac{1}{\tau} \cdot \exp\left(-\frac{(x-v_a\tau)^2}{4\alpha_L v_a \tau} - \frac{y^2}{4\alpha_L v_a \tau}\right) \cdot \exp(-\lambda\tau) \cdot d\tau$$

Zeitabhängige Dispersivitäten:

$$c(x,y,t) = \frac{q\,c_0}{2\pi n_f m} \int_0^t \frac{\exp\left(\frac{(x-v_a\tau)^2}{2\sigma_L^2(\tau)} - \frac{y^2}{2\sigma_L^2(\tau)}\right) \cdot \exp(-\lambda\tau)}{\sigma_L(\tau)\,\sigma_T(\tau)} \cdot d\tau$$

wobei
- q: Injektionsrate der Tracerflüssigkeit
- c_0: Konzentration der injizierten Tracerflüssigkeit

Die Integrale in den Formeln werden nach der erweiterten Regel von SIMPSON ausgewertet (z.B. ABRAMOWITZ u. STEGUN 1972). Durch Transformation in eine logarithmische Integrationsvariable werden die Abstände der Intervalle effizienter auf den Bereich konzentriert, in dem der Integrand ungleich Null ist.
Die beiden Lösungen mit permanenter Injektion sind unter der achten und neunten Option im CATTI-Menü vorhanden.

5.3.7 Allgemeine Vorgaben

In allen oben genannten Lösungen wird von CATTI die Eingabe der folgenden drei Parameter angeboten:

- c_i: *Grundbelastung*, welche die Einführung einer Hintergrundkonzentration erlaubt, falls der Tracer ein im Aquifer natürlich vorhandener Stoff ist bzw. eine Vorbelastung vorhanden ist
- D_i: anfängliche *Verzögerung*, die eine Korrektur erlaubt, falls die Annahme eines momentanen DIRAC-Puls aufgrund des endlichen Brunnenvolumens und dem dadurch bedingten zeitlich verteilten Abströmens des Tracers nicht gerechtfertigt ist
- F: *Wiedergewinnungsfaktor*, für den Fall eines unerklärten Verlusts von Tracermasse

Nicht alle Eingabeparameter können bei der Bestimmung der Parameter unabhängig voneinander verändert werden. Die DARCY-Geschwindigkeit und die durchflußwirksame Porosität treten z.B. immer zusammen auf. Daher kann nur ein Parameter oder vielmehr die Kombination beider eindeutig identifiziert werden.

5.3.8 Automatische Parameteridentifikation

Neben der manuellen Anpassung der Parameter bietet CATTI auch die Möglichkeit einer automatischen nichtlinearen Parameterschätzung. Das entsprechende *Unterprogramm* heißt *POP* und bietet 2 Optimierungsverfahren an: die

POWELL-Methode (POWELL 1964) und die ROSENBROCK-Methode (ROSENBROCK 1960). Beide Methoden wählen die Parameter p_i aus der Lösung c_k so, daß

$$S(p_i,.....,p_m) = \sum_{ij}\left[c_k(p_i,...,p_m,x_i,y_i,t_j) - c(i,t_j)\right]^2$$

ein Minimum wird. Beide Methoden enthalten keine Ableitungen. Dies ist ein Nachteil, was die Schnelligkeit der Konvergenz betrifft, auf der anderen Seite trägt es zur Stabilität des Programms bei.

Bei der Wahl der automatisch zu identifizierenden Parameter muß darauf geachtet werden, daß nur unabhängige Parameter gemeinsam optimiert werden.

5.4 Nutzung des Programms CATTI

5.4.1 Eingabedaten

Die Benutzung des Programms erfordert eine Datei, die einen oder mehrere *Datensätze* (unterschiedlicher Grundwassermeßstellen) mit zeitlichen Konzentrationsverläufen enthält. Die Dateinamen haben die Endung ".CAT". Tabelle 15 zeigt den Aufbau und Tabelle 16 ein Beispiel einer solchen Datei.

Tabelle 15.   Aufbau einer Datei *.CAT

1	Anzahl der Grundwassermeßstellen Titel der Auswertung
2	Auflistung für jede Grundwassermeßstelle
2.1	Allgemeine Daten - Zeiteinheit (Umrechnungsfaktor in Sekunden) - Einheit der Konzentration (Umrechnungsfaktor in g/l) - Abzisse X der Meßstelle (z.B. Entfernung vom Injektionspunkt in der angenommenen Fließrichtung) - Ordinate Y der Meßstelle (z.B. Entfernung vom Injektionspunkt senkrecht zur Fließrichtung) - Name der Grundwassermeßstelle - Anzahl der Datensätze c_i, t_i, w_i
2.2	Auflistung der Meßwerte - (t_1,c_1,w_1), (t_2,c_2,w_2),..., (t_i,c_i,w_i),..., (t_n,c_n,w_n), wobei t_i die gemessene Zeit nach der Injektion, c_i die Konzentration zu dem Zeitpunkt und w_i ein Gewichtsfaktor ist. Bei zuverlässigen Meßwerten erhält letzterer den Wert 1, sonst einen Wert < 1.

CATTI - Rechnergestützte Tracertestauswertung 107

Tabelle 16.   Beispiel einer Datei *.CAT

```
2,"C A T T I"
86400,.001,20,0,"Durchgangskurve in Beobachtungsmeßstelle P1",9
1036800,.002,1
1209600,.023,1
1382400,.057,1
1555200,8.000001E-02,1
1728000,.096,1
1900800,9.100001E-02,1
2073600,.074,1
2246400,.043,1
2419200,.019,1
86400,.001,20,3,"Durchgangskurve in Beobachtungsmeßstelle P2",9
1036800,.0001,1
1209600,9.000001E-03,1
1382400,.022,1
1555200,.048,1
1728000,.05,1
1900800,.04,1
2073600,.022,1
2246400,.011,1
2419200,.005,1
```

5.4.2 Hinweise für den Benutzer

Das Programm ist menügesteuert, d.h. der Benutzer antwortet lediglich auf die auf dem Bildschirm erscheinenden Fragen. Einige Operationen können jedoch direkt mit Hilfe der Funktionstasten ausgeführt werden:

- F1: Startet das Programm erneut. Alle Variablen werden gleich Null gesetzt.
- F3: Beendet das Optimierungsverfahren (nur in POP).
- F9: Wechsel zur DOS-Ebene. Nach Schreiben von "EXIT" auf der DOS-Ebene gefolgt von <Return> erfolgt die Rückkehr zum Hauptmenü (CATTI).
- F10: Beendet die Ausführung des Programms und veranlaßt die Rückkehr zu DOS.

Im Programmteil der manuellen Bestimmung der Parameter kann durch Drücken der <Bild↑>-Taste von der Bildschirmgraphik zum Parametermenü zurückgesprungen werden. Weiteres Drücken führt zum Menü der Wahl des Modells.

5.5 Beispiele für die Benutzung von CATTI

Das Programm CATTI wird anhand der 2 Beispiele SAMPLE1 und SAMPLE2 vorgestellt, die die *Interpretation eines Tracertests in einer 2D-Parallelströmung* beschreiben. Das Vorgehen wird Schritt für Schritt erläutert und durch die sukzessiven Abbildungen des Bildschirms illustriert. In dem Beispiel SAMPLE1 wird die Durchgangskurve in einer Grundwassermeßstelle, die genau im Abstrom des Injektionsbrunnens liegt, analysiert. Die durchflußwirksame Porosität und die Dispersivitäten α_l und α_r sind unbekannt. Ein realistischeres Beispiel ist in SAMPLE2 gegeben. Dort werden zwei weitere Durchgangskurven aus anderen Grundwassermeßstellen hinzugefügt. Aus der Kombination der 3 Kurven sollen dieselben Parameter wie zuvor sowie zusätzlich die exakte Fließrichtung und der Wiedergewinnungsfaktor bestimmt werden.

5.5.1 Beispiel 1

In einem 10 m mächtigen Aquifer mit einer konstanten Filtergeschwindigkeit des Grundwassers v_0 = 1,2E-06 m/s befindet sich 20 m stromab des Injektionsbrunnens I die Grundwassermeßstelle P1. Grundwassermeßstelle und Injektionsbrunnen sind voll verfiltert. Die Achse I - P1 liegt parallel zur mittleren Fließrichtung der Grundströmung. Zur Zeit t = 0 werden im Brunnen I 5 kg eines persistenten, nicht adsorbierenden Tracers injiziert. Die Beprobung und Analyse der Konzentrationen im Brunnen P1 führt zu den in Tabelle 17 aufgeführten Daten.

Tabelle 17. Daten des Konzentrationsverlaufes in P1, Beispiel 1

Zeit (d)	12	14	16	18	20	22	24	26	28
Konzentration (mg/l)	2	23	57	80	96	91	74	43	19

5.5.2 Eröffnen der neuen Datei SAMPLE1.CAT

Wenn Sie CATTI erfolgreich gestartet haben (s. Kap. 5.2), erscheint auf dem Bildschirm das Titelbild (Abb. 63). Drücken einer beliebigen Taste führt zunächst zu der Eingabemaske, die eine Änderung der Dimensionierung der Felder ermöglicht (Abb. 64). Die angegebenen Standardvorgaben können mit Hilfe der <ESC>-Taste akzeptiert werden. Andernfalls geben Sie für ein oder mehrere Felder die gewünschten Werte ein und verlassen das Menü ebenfalls durch Drücken von <ESC>. Danach erscheint das Hauptmenü (Abb. 65). Auf die Fragen und Menüvorschläge von CATTI [C] antwortet der Benutzer [B] bzw. wählt er mit den Pfeiltasten eine Menüoption aus. Es wird davon ausgegangen, daß Sie CATTI im Verzeichnis c:\CATTI installiert haben! Zuerst soll eine neue Datei mit den Daten aus Tabelle 17 erstellt werden. Dazu wird die vierte Option des Hauptmenüs ausgewählt.

CATTI - Rechnergestützte Tracertestauswertung

Abb. 63. CATTI-Titelbild

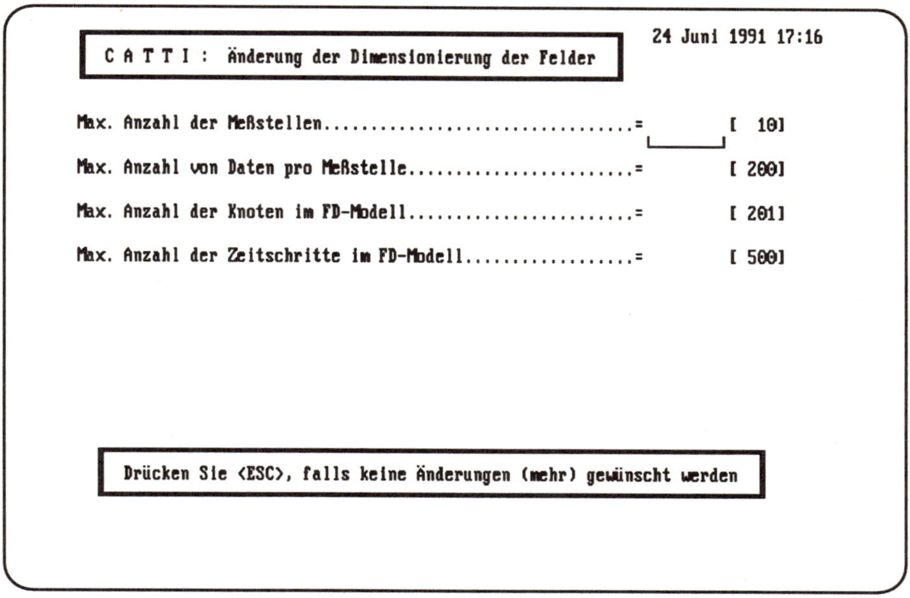

Abb. 64. Eingabemaske "Dimensionierung der Felder"

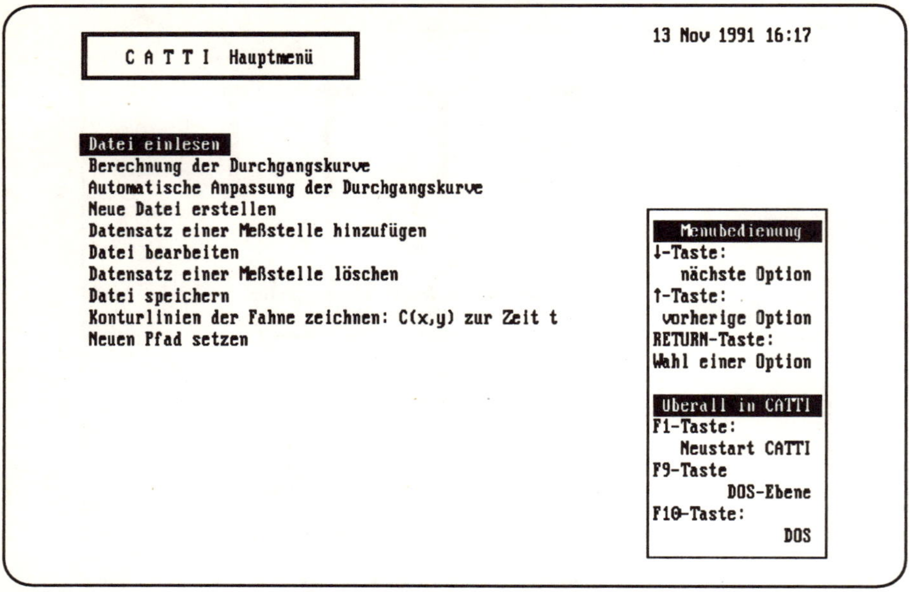

```
┌─────────────────────────────────────────────────────────────┐
│   ┌─────────────────────────┐           13 Nov 1991 16:17   │
│   │  C A T T I  Hauptmenü   │                               │
│   └─────────────────────────┘                               │
│                                                             │
│   ▌Datei einlesen▐                                          │
│    Berechnung der Durchgangskurve                           │
│    Automatische Anpassung der Durchgangskurve               │
│    Neue Datei erstellen              ┌──────────────────┐   │
│    Datensatz einer Meßstelle hinzufügen│  Menübedienung │   │
│    Datei bearbeiten                  │ ↓-Taste:         │   │
│    Datensatz einer Meßstelle löschen │    nächste Option│   │
│    Datei speichern                   │ ↑-Taste:         │   │
│    Konturlinien der Fahne zeichnen: C(x,y) zur Zeit t│    vorherige Option│
│    Neuen Pfad setzen                 │ RETURN-Taste:    │   │
│                                      │ Wahl einer Option│   │
│                                      ├──────────────────┤   │
│                                      │ Überall in CATTI │   │
│                                      │ F1-Taste:        │   │
│                                      │    Neustart CATTI│   │
│                                      │ F9-Taste         │   │
│                                      │         DOS-Ebene│   │
│                                      │ F10-Taste:       │   │
│                                      │               DOS│   │
│                                      └──────────────────┘   │
└─────────────────────────────────────────────────────────────┘
```

Abb. 65.   CATTI-Hauptmenü
              [C]:   "Neue Datei erstellen"
              [B]:   <Return>

In der oberen Hälfte der folgenden Bildschirmmaske (Abb. 66) werden alle vorhandenen Dateien im vorgegebenen Pfad mit der Endung ".CAT" angezeigt. Der Name der neuen Datei kann nun eingegeben werden. Eine bereits existierende Datei wird dabei überschrieben.

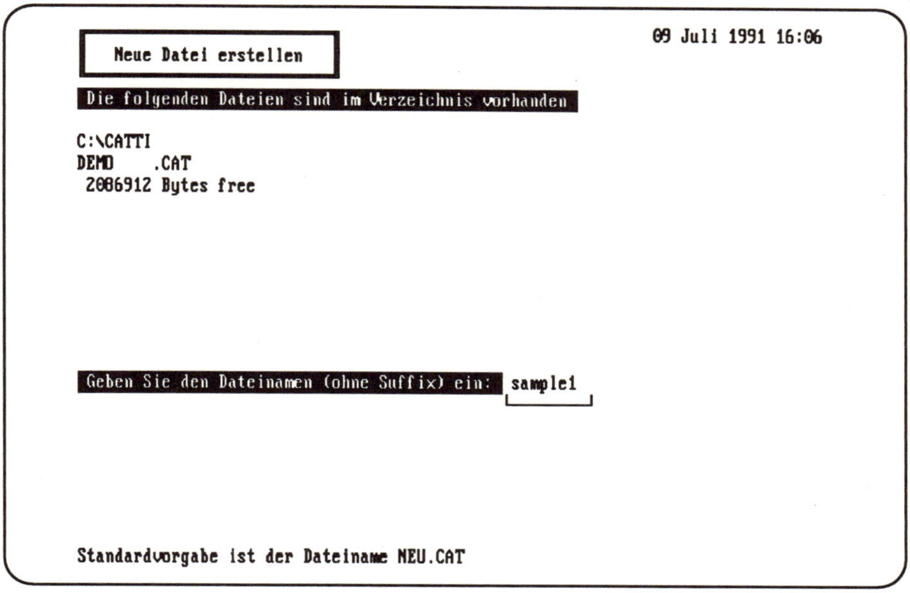

CATTI - Rechnergestützte Tracertestauswertung   111

```
┌─────────────────────────────────────────────────────────────────┐
│    ┌─────────────────────────┐            09 Juli 1991 16:06    │
│    │  Neue Datei erstellen   │                                  │
│    └─────────────────────────┘                                  │
│    ░Die folgenden Dateien sind im Verzeichnis vorhanden░        │
│    C:\CATTI                                                     │
│    DEMO     .CAT                                                │
│    2086912 Bytes free                                           │
│                                                                 │
│                                                                 │
│                                                                 │
│                                                                 │
│                                                                 │
│         ░Geben Sie den Dateinamen (ohne Suffix) ein:░ sample1   │
│                                                                 │
│                                                                 │
│                                                                 │
│                                                                 │
│    Standardvorgabe ist der Dateiname NEU.CAT                    │
└─────────────────────────────────────────────────────────────────┘
```

Abb. 66.   Festlegung des Dateinamens
              [C]: "Geben Sie den Dateinamen (ohne Suffix) ein:"
              [B]: "SAMPLE1" <Return>

Alleiniges Drücken von <Return> wählt jeweils die Standardvorgaben, in diesem Fall wäre das "c:\CATTI\NEU.CAT".

Nach Eingabe des neuen Dateinamens müssen der Name der zu betrachtenden Meßstelle, ihre Lagekoordinaten und die Zeit- und Konzentrationseinheiten festgelegt werden (Abb. 67).

```
┌─────────────────────────────────────────────────────────────┐
│                                          08 Juli 1991 15:11 │
│   ┌─────────────────────┐                                   │
│   │ Neue Datei erstellen│                                   │
│   └─────────────────────┘                                   │
│                                                             │
│                                                             │
│         Name der Meßstelle:  Durchgangskurve in Brunnen 1   │
│                                                             │
│         Ort : X(m) [10 m] = 20        ( nur > 0 )           │
│                                                             │
│         Ort : Y (m) [0 m] = 0                               │
│                                                             │
│         Zeiteinheit (s) [1 s] = 86400                       │
│                                                             │
│         Einheit der Konzentration (g/l=kg/m3) [1 g/l] = 0.001│
│                                                             │
│                                                             │
│  ┌──────────────────────┐                                   │
│  │ Eingabe korrekt (J/N)?│                                  │
│  └──────────────────────┘                                   │
└─────────────────────────────────────────────────────────────┘
```

Abb. 67.   Erstellen einer neuen Datei
            [C]: "Name der Meßstelle"
            [B]: "Durchgangskurve in Brunnen P1" <Return>
            [C]: "Ort X (m)"
            [B]: "20" <Return>
            [C]: "Ort Y (m)"
            [B]: "0" <Return>

Drücken von <Return> reicht aus, um den Wert Null einzugeben.

            [C]: "Zeiteinheit (s)"
            [B]: "86400" <Return>
            [C]: "Einheit der Konzentration (g/l)"
            [B]: "0,001" <Return>
            [C]: "Eingabe korrekt (J/N) ?"
            [B]: J

Haben Sie versehentlich einen falschen Wert eingegeben, so fahren Sie zunächst mit der Eingabe fort, antworten dann aber auf die Frage "Eingabe korrekt ?" mit N für Nein. Nun ist es möglich, die Werte zu ändern. Die zuvor eingegebenen Werte erscheinen als Standardvorgabe. Die Standardvorgaben können durch *2maliges Drücken von <Return>* gewählt werden. Dies hat den Vorteil, daß ein erstes versehentliches Drücken von <Return> keine Folgen hat.

Nach Bestätigung der letzten Frage, erscheint auf dem Bildschirm die Eingabemaske für die Eingabe der Durchgangsdaten (Zeit und Konzentration) (Abb. 68).

CATTI - Rechnergestützte Tracertestauswertung

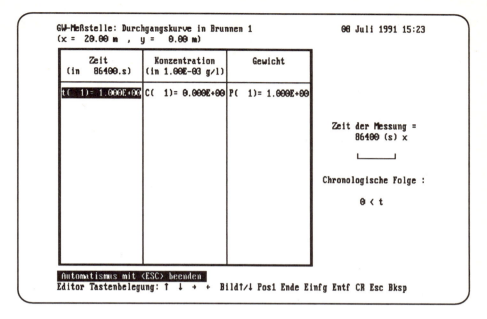

Abb. 68. Eingabemaske für die Eingabe der Durchgangsdaten

Nach der Dateneingabe kann der Cursor in dieser Eingabemaske folgendermaßen bewegt werden:

- Nach oben, unten, rechts und links mit den Pfeiltasten <↑ ↓ → ←>.
- Eine halbe Seite nach oben <Bild ↑> bzw. nach unten <Bild↓>.
- An den Anfang der Datei <Pos1> bzw. an das Ende der Datei <Ende>. Eine neue Eingabe kann nach Drücken der <Return>-Taste erfolgen, wobei der neue Wert durch wiederholtes Drücken der <Return>-Taste bestätigt wird.
- Eine neues Datenpaar kann durch <Einfg> zwischen 2 Zeilen eingefügt werden.
- Ein Datenpaar kann mit Hilfe der <Entf>-Taste gelöscht werden.

In den 2 Optionen des Hauptmenüs "Neue Datei erstellen" und "Neue Meßstelle hinzufügen" wird zur Beschleunigung der Eingabe einer neuen Datenzeile der Cursor automatisch zum nächsten Eingabefeld bewegt. Dieser Automatismus wird in einer neuen oder am Ende einer bestehenden Datei aktiviert. Nach Eingabe von t(n) erwartet das Programm die Eingabe von c(n) danach t(n+1) und c(n+1) usw.. Die automatische Eingabeprozedur kann durch Drücken der <ESC>-Taste unterbrochen werden. Die letzte Datenzeile wird auf Wunsch gelöscht, und man kann wieder mit Hilfe der Pfeiltasten in den Editiermodus gelangen. Alle Gewichte werden bei der Dateneingabe zunächst standardmässig mit 1,0 vorbelegt. Eine Änderung ist im Editiermodus möglich.

Die Eingabe für die in Kap. 5.5.1 beschriebenen Daten der Durchgangskurve c(t) lautet also wie folgt (Abb. 68):

[C]: "Zeit (× 86400 s)"
[B]: "12" <Return>
[C]: "Konzentration (× 0,001 g/l)"
[B]: "2" <Return>
[C]: "Zeit (× 86400 s)"
[B]: "14" <Return>
[C]: "Zeit (× 86400 s)"
[B]: "28" <Return>
[C]: "Konzentration (× 0,001 g/l)"
[B]: "19" <Return>

Danach erscheint eine neue Zeile für die zehnte Datenzeile (Abb. 69). Diese Zeile wird nicht benötigt. Drücken der <Esc>-Taste ermöglicht, die zehnte Zeile zu löschen und beendet die automatische Eingabe (Abb. 70).

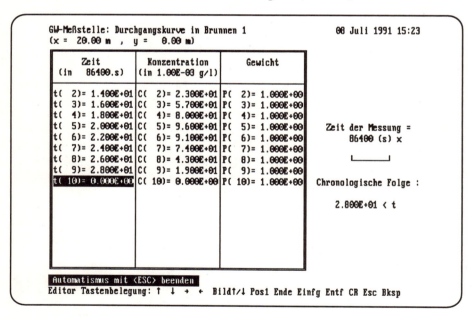

Abb. 69. Daten der Durchgangskurve

CATTI - Rechnergestützte Tracertestauswertung 115

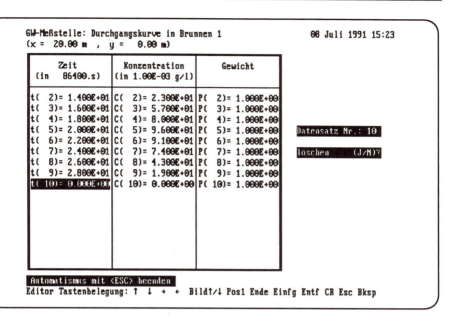

Abb. 70. Bildschirmmaske zur Löschung einer Datenreihe
[C]: "Datenzeile Nr. 10 löschen (J/N) ?"
[B]: J

Der vollständige Datensatz kann nun überprüft werden (Abb. 71) und falls nötig können falsche Werte korrigiert werden. Die Daten müssen in chronologischer Reihenfolge eingegeben werden. Die sich dabei ergebenden Beschränkungen werden auf der rechten Bildschirmseite angezeigt: $t1 < t$ und $t < t2$ (Abb. 68 und 69). Wurde bei der Dateneingabe versehentlich eine Zeit eingegeben, die kleiner als die vorhergehende ist, so kann der Automatismus durch Drücken der <Esc>-Taste gestoppt und der falsche Wert korrigiert werden. Befindet sich der Cursor wieder auf der letzten Zeile wird der Automatismus wieder aktiviert.

Mit Hilfe der <Einfg>-Taste läßt sich eine neue Datenzeile nach der Position des Cursors einfügen. Es ist direkt nicht möglich, vor der ersten Datenzeile eine neue einzufügen. In diesem Fall müssen die Daten der ersten Zeile durch die neuen Daten überschrieben und danach die ursprünglich erste Datenzeile als zweite Zeile neu eingefügt werden.

Im Gegensatz zu einer früheren Version des Programms (SAUTY u. KINZELBACH 1987) hat jeder Beobachtungsbrunnen seine eigenen Zeit- und Konzentrationseinheiten. Diese Möglichkeit ist von Interesse, wenn sich die Daten an unterschiedlichen Grundwassermeßstellen um Größenordnungen unterscheiden.

Im Editiermenü werden die Einheiten vom Benutzer geeignet festgelegt, um spätere Überprüfungen und Korrekturen zu erleichtern. Im gesamten restlichen

Programm und in den Dateien ist die Zeiteinheit Sekunden (s) und die Konzentrationseinheit (kg/m³) bzw. (g/l). Alle anderen Parameter werden in SI-Einheiten angegeben.

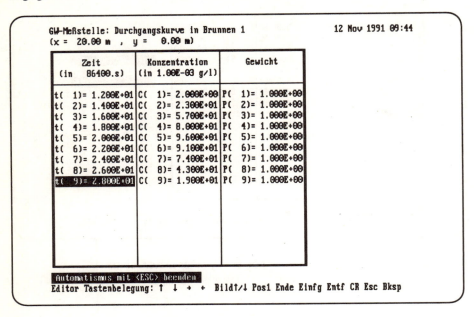

Abb. 71. Möglichkeit zur Überprüfung des Datensatzes

Drücken der <Esc>-Taste beendet das Editieren der Daten und es erfolgt die Rückkehr zum Hauptmenü. Die eingegebenen Daten können nun mit Hilfe der Option "Datei speichern" in dem aktuellen Verzeichnis gespeichert werden (Abb. 72).

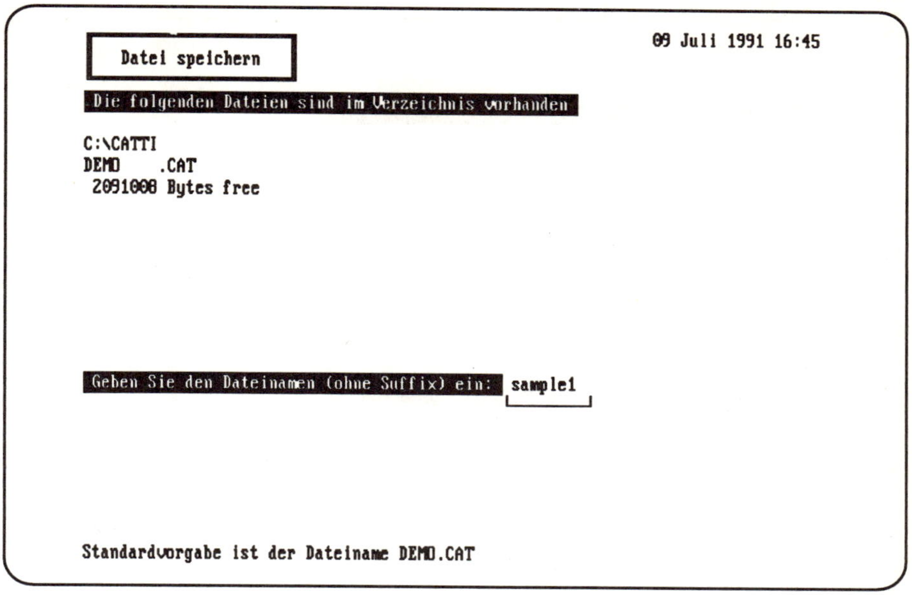

```
┌─────────────────────────────────────────────────────────────┐
│   ┌──────────────────┐                    09 Juli 1991 16:45│
│   │ Datei speichern  │                                      │
│   └──────────────────┘                                      │
│   ▌Die folgenden Dateien sind im Verzeichnis vorhanden▐     │
│   C:\CATTI                                                  │
│   DEMO     .CAT                                             │
│   2091008 Bytes free                                        │
│                                                             │
│                                                             │
│                                                             │
│                                                             │
│         ▌Geben Sie den Dateinamen (ohne Suffix) ein:▐ sample1│
│                                                             │
│                                                             │
│                                                             │
│         Standardvorgabe ist der Dateiname DEMO.CAT          │
└─────────────────────────────────────────────────────────────┘
```

Abb. 72.   Eingabemaske zur Speicherung einer Datei
            [C]:   "Geben Sie den Dateinamen (ohne Suffix) ein:"
            [B]:   "SAMPLE1" <Return>

5.5.3   Manuelle Interpretation der Durchgangskurve

Die gerade erzeugte Datei SAMPLE1.CAT befindet sich noch im Speicher, so daß aus dem Hauptmenü die Option "Berechnung der Durchgangskurve c(t)" aufgerufen werden kann. Andernfalls muß zuerst eine bereits existierende Datei eingelesen werden. Dies geschieht, indem vorher die Option "Datei einlesen" gewählt wird. In diesem Fall werden in der oberen Hälfte des Bildschirms alle im aktuellen Verzeichnis abgelegten Dateien mit der Endung ".CAT" angezeigt (Abb. 73). Die Benutzung anderer Endungen ist nicht möglich. Ist die zu bearbeitende Datei in einem anderen Verzeichnis vorhanden, besteht die Möglichkeit, mit Hilfe der Option "Neuen Pfad setzen" das Verzeichnis zu wechseln (Abb. 74).

            Hauptmenü: [C]:   "Datei einlesen"
                            [B]:   <Return>

118   Berechnungsverfahren und Modelle

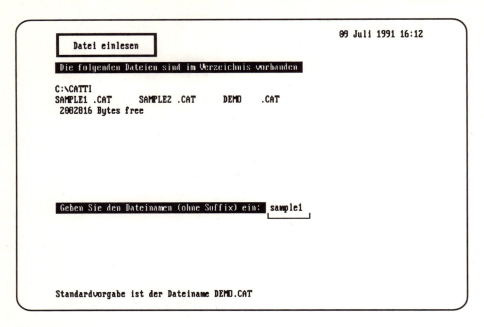

Abb. 73.   Einlesen einer existierenden Datei
                 [C]:   "Geben Sie den Dateinamen (ohne Suffix) ein:"
                 [B]:   "SAMPLE1" <Return>

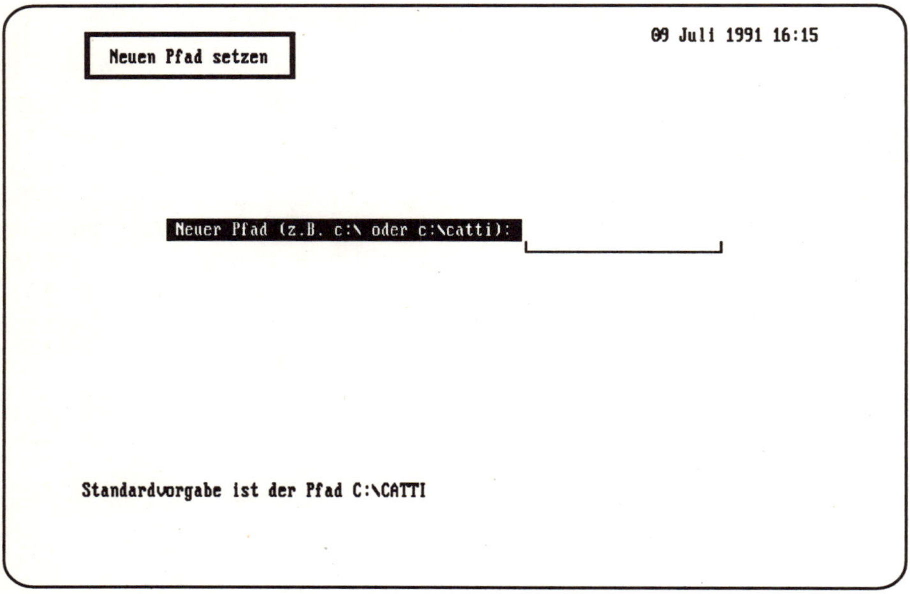

Abb. 74.   Wechseln des Verzeichnisses

Nach diesen Antworten steht der Zeiger des Hauptmenüs automatisch auf der Option "Berechnung der Durchgangskurve". Mit <Return> wird die Wahl bestätigt und in der folgenden Maske der Titel der zu berechnenden Durchgangskurve eingegeben (Abb. 75).

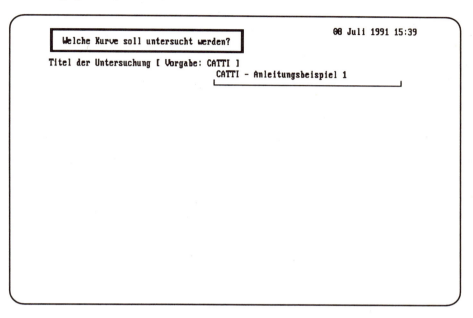

Abb. 75. Angabe des Namens der zu berechnenden Durchgangskurve
[C]: "Titel der Untersuchung"
[B]: "CATTI - Anleitungsbeispiel 1" <Return>

In der folgenden Maske (Abb. 76) werden die Plotparameter (Skalierung der Achsen) für die Darstellung der Durchgangskurve abgefragt. Wählen Sie die Standardvorgaben durch Drücken der <Esc>-Taste.

Hinweis: Die Standardvorgabe zeichnet einen Rahmen mit einer horizontalen Zeitachse von $t = 0$ bis $t = t_{max}$ und einer vertikalen Konzentrationsachse von $c = c_0$ bis $c = c_{max}$, wobei t_{max} und c_{max} die maximalen Werte von t und c in dem betrachteten Datensatz sind. Die Achsen werden in 4 Abschnitte unterteilt.

Berechnungsverfahren und Modelle

```
┌──────────────────────────────────────────────────────────────────┐
│                                              08 Juli 1991 15:40  │
│   ┌─Plotparameter für die Durchgangskurve─┐                      │
│                                                                  │
│   Max. Zeit (s).....................=            [ 2.4192E+06]   │
│   Max. Konzentration (g/l).........=             [ 9.6000E-02]   │
│   Intervalle auf der Zeitachse.....=             [     4]        │
│   Intervalle auf der Konz.Achse....=             [     4]        │
│   Anz. zu zeichnender Intervalle...=             [   200]        │
│   Text: Einheit für die Zeitachse..=             [1/4 tmax]      │
│   Text: Einheit für die Konz.Achse.=             [1/4 Cmax]      │
│                                                                  │
│                                                                  │
│                                                                  │
│                                                                  │
│   Meßwerte:  tmax = 2.42E+06 s    Cmax = 9.60E-02 g/l            │
└──────────────────────────────────────────────────────────────────┘
```

Abb. 76.   Abfragen der Plotparameter für die Durchgangskurve

Abb. 77.   Auswahl des zu verwendenden mathematischen Modells

CATTI - Rechnergestützte Tracertestauswertung 121

Im Menü "Wahl des mathematischen Modells" werden neun verschiedene Lösungen angeboten. Wählen Sie für das Beispiel 1 die zweite Lösung (Abb. 77).

[B]: "2D-Parallelströmung, α = konst., DIRAC" <Return>

In der folgenden Eingabemaske (Abb. 78) können Sie den Cursor wieder mit Hilfe der Pfeiltasten bewegen. Aufgelistet werden die physikalischen Parameter, die für die gewählte Lösung erforderlich sind:

m:	Masse des injizierten Tracers [kg]
v_0:	regionale DARCY-Geschwindigkeit [m/s]
n_f:	durchflußwirksame Porosität [-]
α_L:	longitudinale Dispersivität [m]
α_T:	transversale Dispersivität [m]
h:	Aquifermächtigkeit [m]
F:	Wiedergewinnungsfaktor [-]
L:	Abbaurate [1/s]
c_i:	Grundbelastung [kg/m³]
D_i:	anfängliche Verzögerung [s]

Der Wiedergewinnungsfaktor F kennzeichnet den Anteil der injizierten Tracermasse, der irreversibel adsorbiert wird. Die Abbaurate L charakterisiert einen Abbau erster Ordnung mit einer exponentiellen Konzentrationsabnahme der Form (exp(-Lt)). Für einen idealen Tracer sind die Standardvorgaben dieser Werte 1 bzw. 0.

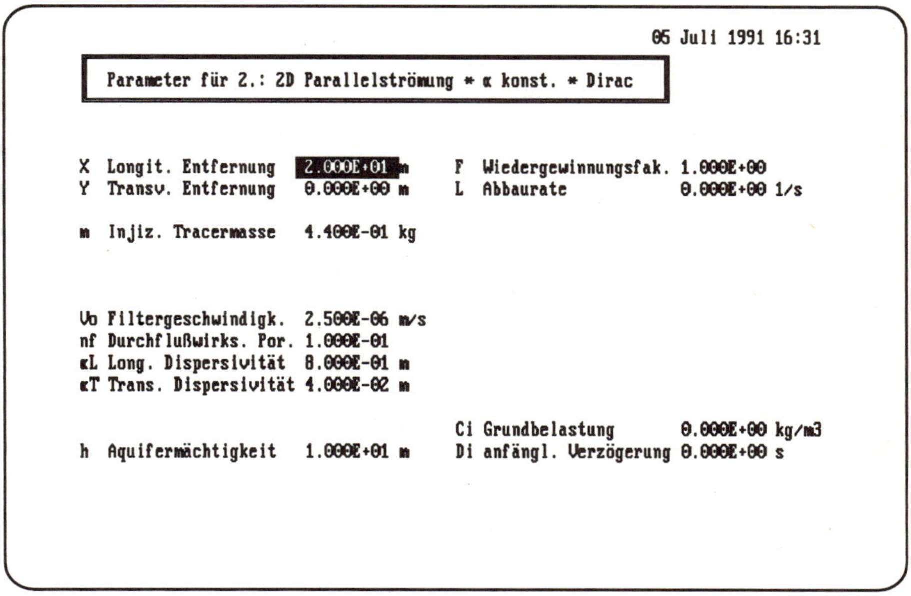

```
                                              05 Juli 1991 16:31

     ┌─────────────────────────────────────────────────────────┐
     │ Parameter für 2.: 2D Parallelströmung * α konst. * Dirac│
     └─────────────────────────────────────────────────────────┘

       X  Longit. Entfernung   2.000E+01 m    F  Wiedergewinnungsfak. 1.000E+00
       Y  Transv. Entfernung   0.000E+00 m    L  Abbaurate            0.000E+00 1/s

       m  Injiz. Tracermasse   4.400E-01 kg


       Vo Filtergeschwindigk.  2.500E-06 m/s
       nf Durchflußwirks. Por. 1.000E-01
       αL Long. Dispersivität  8.000E-01 m
       αT Trans. Dispersivität 4.000E-02 m

                                              Ci Grundbelastung       0.000E+00 kg/m3
       h  Aquifermächtigkeit   1.000E+01 m    Di anfängl. Verzögerung 0.000E+00 s
```

Abb. 78. Eingabemaske für physikalische Parameter

Die Grundbelastung entspricht der natürlichen Konzentration des Grundwassers. Ist dieser Wert ungleich Null, wird die Grundbelastung zur berechneten Konzentration addiert und dann erst mit den beobachteten Daten verglichen. Die anfängliche Verzögerung wird durch Korrektur der Zeit um diesen Betrag berücksichtigt. Sie kann der Grund dafür sein, daß eine kurze Injektion nicht als instantane Injektion erkannt wird. Die Standardvorgabe ist Null und wird in diesem Beispiel ebenso übernommen wie die Werte X = 20 m und Y = 0 m, die als Koordinaten der Beobachtungsmeßstelle relativ zum Injektionspunkt bekannt sind. Die anderen Werte werden folgendermaßen modifiziert (Abb. 79):

```
                                                   05 Juli 1991 16:31

   ┌──────────────────────────────────────────────────────────────┐
   │  Parameter für 2.: 2D Parallelströmung * α konst. * Dirac    │
   └──────────────────────────────────────────────────────────────┘

       X Longit. Entfernung   2.000E+01 m    F Wiedergewinnungsfak. 1.000E+00
       Y Transv. Entfernung   0.000E+00 m    L Abbaurate            0.000E+00 1/s

       m Injiz. Tracermasse   ▓4.400E-01▓ kg


       Vo Filtergeschwindigk. 2.500E-06 m/s
       nf Durchflußwirks. Por. 1.000E-01
       αL Long. Dispersivität 8.000E-01 m
       αT Trans. Dispersivität 4.000E-02 m
                                              Ci Grundbelastung     0.000E+00 kg/m3
       h Aquifermächtigkeit   1.000E+01 m    Di anfängl. Verzögerung 0.000E+00 s


       Neuer Wert von m Injiz. Tracermasse = 5
                                             └─┘
```

Abb. 79.   Maske zur Modifizierung der Werte

       [C]: "Masse m des injizierten Tracers .... kg"
       [B]: \<Return\> "5" \<Return\>
       [C]: "Filtergeschwindigkeit v_0 .... m/s"
       [B]: \<Return\> "1,2E-6" \<Return\>

Diese Parameter wurden in der Erläuterung des Problems (s. Kap. 5.5.1) vorgegeben. Für die zu bestimmenden Parameter durchflußwirksame Porosität und Dispersivitäten müssen nun erste Schätzwerte vorgegeben werden (Abb. 80).

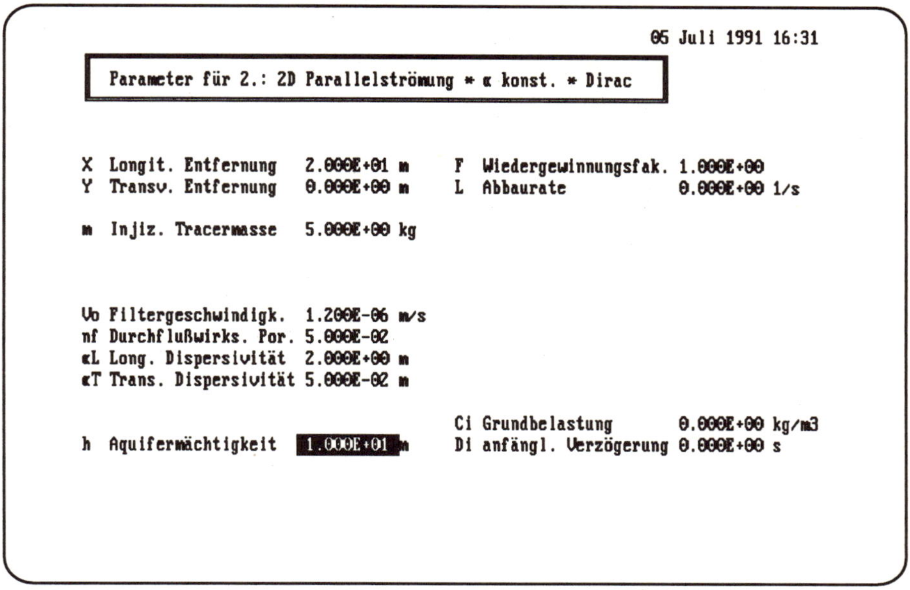

CATTI - Rechnergestützte Tracertestauswertung 123

```
                                                    05 Juli 1991 16:31
┌─────────────────────────────────────────────┐
│  │Parameter für 2.: 2D Parallelströmung * α konst. * Dirac│
│
│        X Longit. Entfernung   2.000E+01 m    F Wiedergewinnungsfak. 1.000E+00
│        Y Transv. Entfernung   0.000E+00 m    L Abbaurate            0.000E+00 1/s
│
│        m Injiz. Tracermasse   5.000E+00 kg
│
│
│       Vo Filtergeschwindigk. 1.200E-06 m/s
│       nf Durchflußwirks. Por. 5.000E-02
│       αL Long. Dispersivität  2.000E+00 m
│       αT Trans. Dispersivität 5.000E-02 m
│
│                                              Ci Grundbelastung      0.000E+00 kg/m3
│        h Aquifermächtigkeit  ▓1.000E+01▓     Di anfängl. Verzögerung 0.000E+00 s
│
└─────────────────────────────────────────────┘
```

Abb. 80.   Eingabe von Schätzwerten für die zu bestimmenden Parameter
[C]:   "Durchflußwirksame Porosität n_f .... -"
[B]:   <Return> "0,05" <Return>
[C]:   "Longit. Dispersivität αL .... m"
[B]:   <Return> "2" <Return>
[C]:   "Transv. Dispersivität αT .... m"
[B]:   <Return> "0,05" <Return>

Im Fall einer fehlerhaften Eingabe, z.B. durch ungewolltes Betätigen der <Return>-Taste, ist es mit Hilfe von <Esc> möglich, ohne Veränderung der Parameter das Menü zu verlassen.

Nachdem alle Parameter korrekt eingegeben worden sind, wird diese Maske durch Drücken von <Esc> verlassen und in der nächsten Maske weitergearbeitet (Abb. 81).

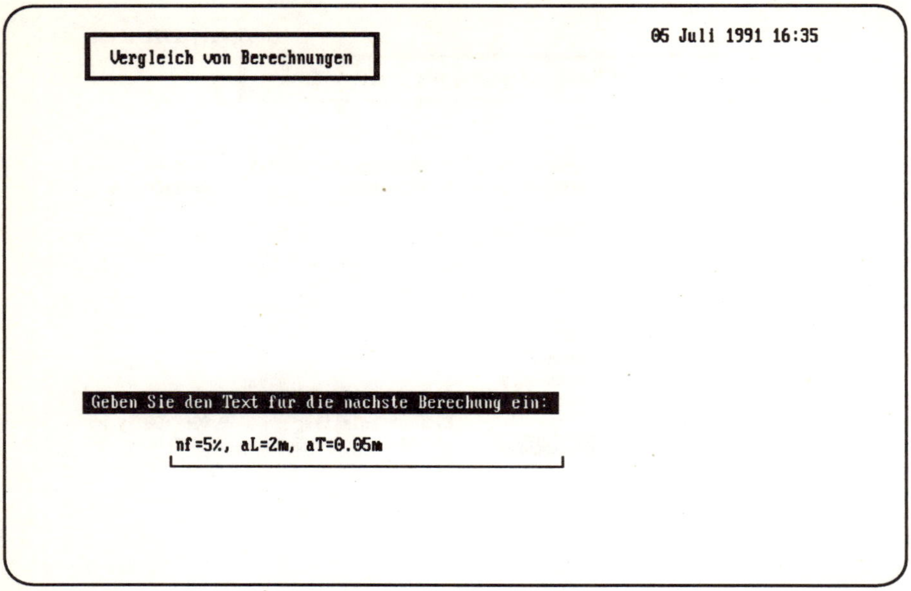

```
┌─────────────────────────────────────────────────────────────┐
│                                          05 Juli 1991 16:35 │
│   ┌─────────────────────────────┐                           │
│   │ Vergleich von Berechnungen  │                           │
│   └─────────────────────────────┘                           │
│                                                             │
│                                                             │
│                                                             │
│                                                             │
│                                                             │
│   ┌───────────────────────────────────────────────┐         │
│   │ Geben Sie den Text für die nächste Berechnung ein: │    │
│   │                                               │         │
│   │        nf=5%, aL=2m, aT=0.05m                 │         │
│   └───────────────────────────────────────────────┘         │
│                                                             │
└─────────────────────────────────────────────────────────────┘
```

Abb. 81. Folgemaske zur Eingabe von Text
   [C]: "Geben Sie den Text für die nächste Berechnung ein"
   [B]: "n_f = 5 %, α_L = 2 m, α_T = 0,05 m" <Return>

Auf dem Bildschirm wird dann die berechnete Kurve (Kurve A) zusammen mit den Beobachtungspunkten und der Varianz (d.h. der Summe der Abstandsquadrate zwischen den beobachteten und den vom Programm berechneten Konzentrationen zur gleichen Zeit und am gleichen Ort) dargestellt (Abb. 82). Die Varianz ist ein Kriterium, das vom Programm zur Beurteilung der Qualität der Anpassung der Kurve berechnet wird. Sie wird außerdem im Optimierungsprogramm POP als zu minimierende Zielfunktion benutzt. Um eine bessere Anpassung zu erreichen, müssen sukzessive neue Parameter (Abb. 83) gewählt werden. Nach Drücken der <Bild>-Taste erscheint wieder die Liste der Parameter, die nun einzeln geändert werden können. In dem vorliegenden Beispiel liegt der Scheitelpunkt der Kurve bei einem zu frühen Zeitpunkt. Zur Verlangsamung des Transportvorgangs muß die Porosität vergrößert werden. Die Zeile zur Eingabe der Porosität erreicht man mit Hilfe der Pfeiltasten.

CATTI - Rechnergestützte Tracertestauswertung 125

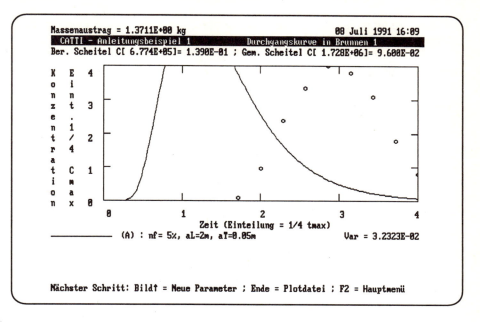

Abb. 82. Darstellung der berechneten Kurve

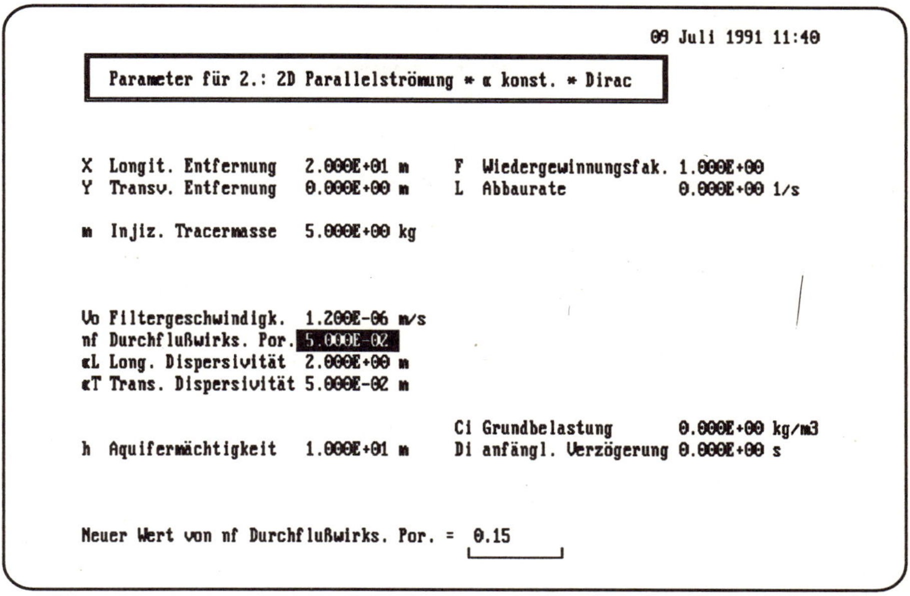

Abb. 83. Wählen neuer Parameter
  [C]: "Durchflußwirksame Porosität n_f ...... -"
  [B]: <Return> "0,15" <Return>

Soll kein weiterer Parameter geändert werden, beenden Sie die Eingabe durch Drücken von <Esc>.

In der folgenden Eingabemaske (Abb. 84) wird gefragt, ob die zuvor berechnete Kurve (Berechnung A) zum Vergleich weiterhin auf dem Bildschirm dargestellt werden soll. Ist dies der Fall, muß nur <Esc> gedrückt werden, andernfalls wird die alte Kurve durch Eingabe von "1", gefolgt von <Esc> vom Bildschirm gelöscht. Es kann dann der Titel der neuen Kurve eingegeben werden (Abb. 85).

```
                                              09 Juli 1991 11:43
   ┌─────────────────────────┐
   │ Vergleich von Berechnungen │
   └─────────────────────────┘

      1. Berechnung (A) : nf= 5%, aL=2m, aT=0.05m      ( Var = 3.23226E-02 ).




      Elimination einer Berechnung: Geben Sie die entsprechende Nummer ein (1 bis 6)!
      (Mindestens ein Punkt sollte für die nächste Berechnung frei bleiben!)

      Drücken Sie <ESC>, wenn keine Elimination vorgenommen werden soll.
```

Abb. 84. Möglichkeit zur weiteren Darstellung bereits berechneter Kurven als Vergleichsgrundlage

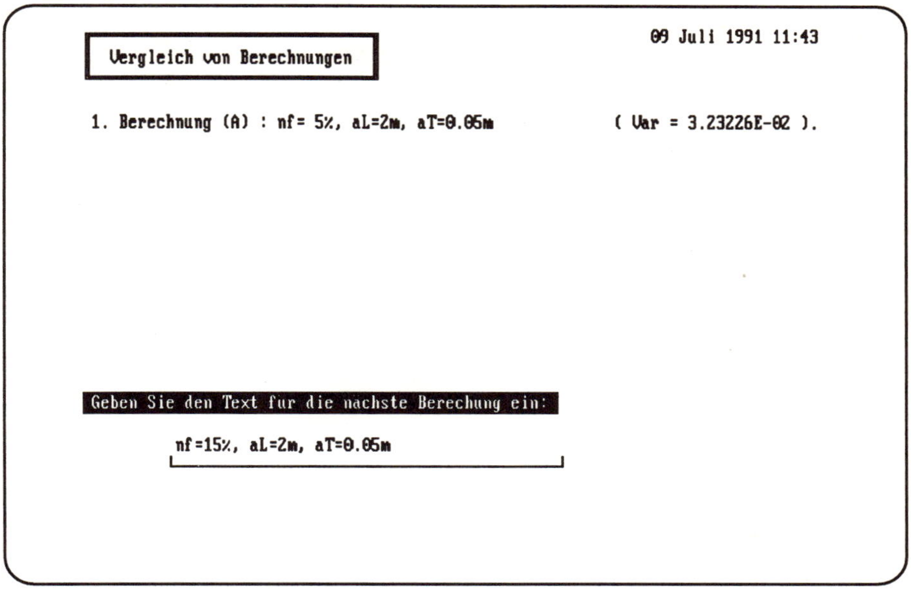

CATTI - Rechnergestützte Tracertestauswertung 127

```
┌─────────────────────────────────────────────────────────────┐
│                                            09 Juli 1991 11:43│
│   │ Vergleich von Berechnungen │                             │
│                                                              │
│   1. Berechnung (A) : nf= 5%, aL=2m, aT=0.05m    ( Var = 3.23226E-02 ). │
│                                                              │
│                                                              │
│                                                              │
│                                                              │
│                                                              │
│   │ Geben Sie den Text für die nächste Berechnung ein: │     │
│         nf=15%, aL=2m, aT=0.05m                              │
│                                                              │
└─────────────────────────────────────────────────────────────┘
```

Abb. 85.   Eingabe des Titels der neuen Kurve
  [C]: "Geben Sie den Text für die nächste Berechnung ein"
  [B]: "n_f = 15 %, α_L = 2 m, α_T = 0,05 m" <Return>

CATTI zeichnet die Kurven unter Bezug auf die beiden Berechnungen A und B mit deren Titel und den entsprechenden Varianzen (Abb. 86). Der Prozeß der manuellen Iteration wird unter Veränderung eines oder mehrerer Parameter mit Hilfe der <Bild->-Taste fortgesetzt. Vereinfachend kann gesagt werden, daß die Porosität die Ankunftszeit des Scheitelpunkts bestimmt, während α_L die Form und α_T die Amplitude der Durchgangskurve beeinflussen.

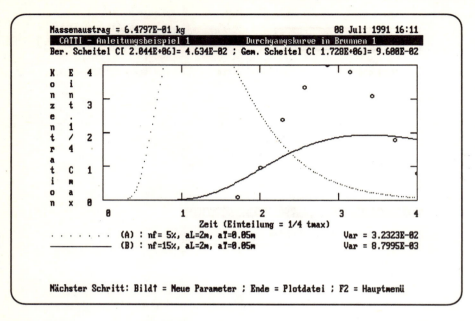

Abb. 86. Darstellung der neu berechneten Kurve im Vergleich mit vorangegangenen

Kurve B zeigt eine im wesentlichen korrekte Ankunftszeit, aber eine zu hohe Dispersion. Die longitudinale Dispersivität sollte daher reduziert werden.

    [C]:   "Longit. Dispersivität α_L .... m"
    [B]:   \<Return\> "0,5" \<Return\>

Die Ankunftszeit der Kurve C ist zu spät. Die Verzögerung im Vergleich zur Kurve B ist ein Nebeneffekt der Verringerung der Dispersion. Deshalb wird die Porosität noch weiter reduziert:

    [C]:   "Durchflußwirksame Porosität n_f .... -"
    [B]:   \<Return\> "0,1" \<Return\>

Die neue Kurve D ist akzeptabel, was den Zeitverlauf und die Form betrifft, die Konzentrationswerte sind insgesamt jedoch zu hoch. Dies kann bei dem angenommenen konservativen Tracer auf eine Unterschätzung der transversalen Dispersivität hindeuten. Aus diesem Grund wird $\alpha_T = 0{,}07$ m gewählt.

    [C]:   "Transv. Dispersivität α_T .... m"
    [B]:   \<Return\> "0,07" \<Return\>

Als Ergebnis wird die gut angepaßte Kurve E gezeichnet. Mit einer weiteren Retardierung von 10 % durch Vergrößerung der Porosität

[C]: "Durchflußwirksame Porosität n_f .... -"
[B]: <Return> "0,11" <Return>

ergibt sich als noch bessere Anpassung die Kurve F mit einer Varianz von 3,8244E-04 (g/l)². Damit ist die manuelle Anpassung beendet (Abb. 87). Die Endergebnisse für die drei anzupassenden Parameter sind:

$n_f = 11\,\%$, $\alpha_L = 0{,}5$ m und $\alpha_T = 0{,}07$ m.

Die Wahl von 200 Zeitintervallen für die Darstellung der Kurve (Option "Anzahl der darzustellenden Segmente") führt zu Intervallen, die zu klein sind für eine korrekte Darstellung des Linienmusters (Abb. 87). Die Wahl von 20 Segmenten führt zu einer korrekten Darstellung, geht aber zu Lasten einer deutlichen Ausprägung der Kurven (Abb. 88).

Bei der Darstellung von nur einer Kurve ist die Wahl einer höheren Anzahl von Segmenten vorzuziehen.

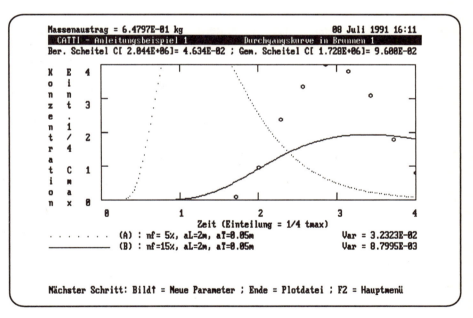

Abb. 87. Ende der manuellen Anpassung

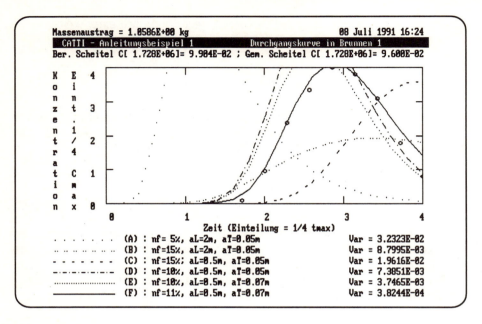

Abb. 88. Darstellung nach Verringerung der Anzahl der dargestellten Zeitsegmente

Von den auf dem Bildschirm dargestellten Ergebnissen kann jederzeit durch Drücken der <ENDE>-Taste eine HP-GL-Graphikdatei erstellt werden (Abb. 89). Diese Graphikdatei kann direkt auf einem HP- oder HP-kompatiblen Plotter gezeichnet oder in Desk-Top-Publishing-Programme (DTP-Programme) importiert werden, die HP-GL-Graphikdateien einlesen können. Beispiele für Textverarbeitungsprogramme, die HP-GL-Graphikdateien importieren können, sind Word Perfect und Microsoft Word.

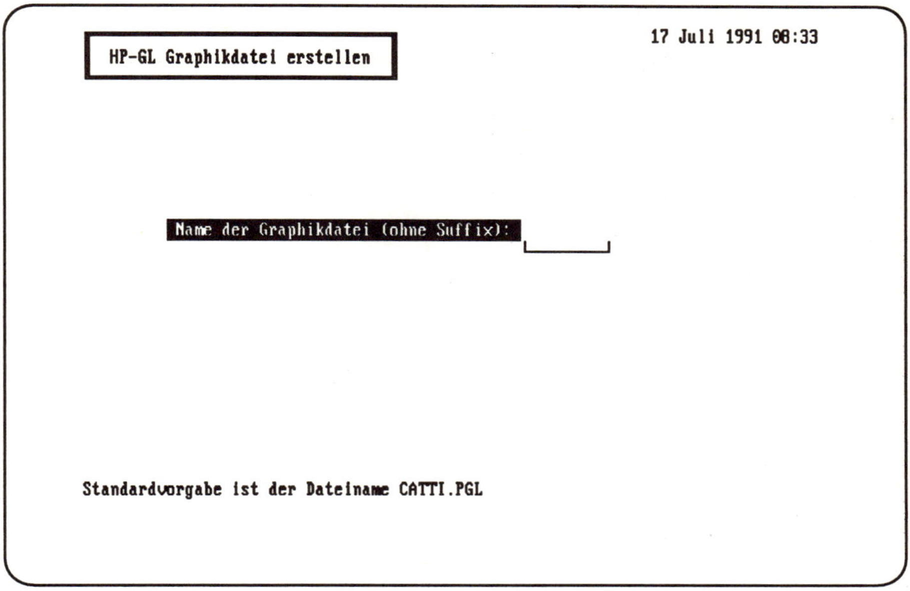

CATTI - Rechnergestützte Tracertestauswertung

```
┌─────────────────────────────────────────────────────────────┐
│    ┌──────────────────────────────┐      17 Juli 1991 08:33 │
│    │ HP-GL Graphikdatei erstellen │                         │
│    └──────────────────────────────┘                         │
│                                                             │
│                                                             │
│                                                             │
│              ┌─────────────────────────────────┬──────────┐ │
│              │ Name der Graphikdatei (ohne Suffix): │      │ │
│              └─────────────────────────────────┴──────────┘ │
│                                                             │
│                                                             │
│                                                             │
│                                                             │
│         Standardvorgabe ist der Dateiname CATTI.PGL         │
│                                                             │
└─────────────────────────────────────────────────────────────┘
```

Abb. 89.   Erstellen einer HP-GL-Graphikdatei
          [C]:   "Name der Plotdatei (ohne Suffix):"
          [B]:   <Return>

Die Datei wird unter dem gewählten Namen mit dem Suffix ".PGL" im aktuellen Verzeichnis gespeichert.

Die Standardvorgabe ist CATTI.PGL und kann durch einfaches Drücken von <Return> gewählt werden.

Abbildungen 90 und 91 zeigen das Ergebnis der manuellen Anpassung als HP-GL-Graphik, wobei Abb. 90 mit 200 Segmenten und Abb. 91 mit 20 Segmenten erstellt wurde.

Hinweis: F1:   Startet CATTI erneut.
                F2:   Sprung zum Hauptmenü, wobei sämtliche Daten im Arbeitsspeicher bleiben.
                F9:   Sprung zur DOS-Ebene.
                F10:   Zurück zu DOS.

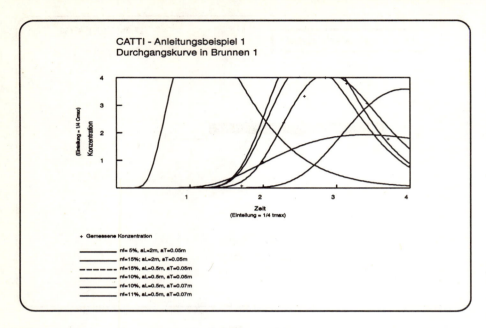

Abb. 90. HP-GL-Graphik mit 200 Zeitsegmenten

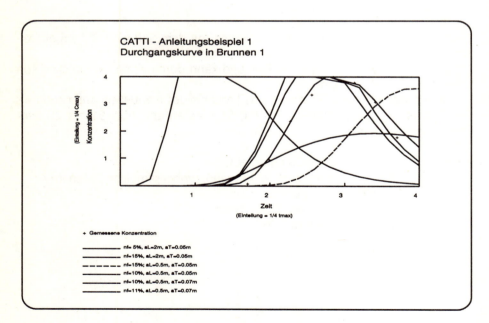

Abb. 91. HP-GL-Graphik mit 20 Zeitsegmenten

5.5.4 Automatische Interpretation der Durchgangskurve mit POP (Parameteroptimierungsprogramm)

Die Transportparameter können auch automatisch optimiert werden. Theoretisch gibt es keine Beschränkung in der Anzahl der zu optimierenden Parameter. Allerdings kommt die Optimierungsroutine zu keinem eindeutigen Ergebnis, wenn 2 Parameter mit ähnlichem Einfluß optimiert werden sollen. Dies ist z.B. bei der DARCY-Geschwindigkeit und der durchflußwirksamen Porosität der Fall. Sie können von der Routine nicht unterschieden werden. Eine Dimensionsanalyse führt zu einer kleinen Anzahl dimensionsloser Größen (z.B. PECLET-Zahl) und der maximalen Anzahl der unabhängigen zu optimierenden Parameter. Die automatische Optimierung der drei gewählten Parameter im Beispiel geht von der ersten Kurve A aus. Dazu wird aus dem Hauptmenü die Option "Automatische Anpassung der Durchbruchskurve" gewählt. Es erscheint die Eingabemaske für die Wahl des mathematischen Modells (Abb. 77), aus der wieder die zweite Lösung "2D-Parallelströmung, α = const., DIRAC" gewählt werden muß. Auf dem Bildschirm erscheint die bereits bekannte Eingabeliste für die Parameter (Abb. 92). An dieser Stelle sollen die Parameter aus der manuellen Parameterschätzung übernommen werden.

```
                                              08 Juli 1991 10:09

    ┌─────────────────────────────────────────────────────────┐
    │ Parameter für 2.: 2D Parallelströmung * α konst. * Dirac │
    └─────────────────────────────────────────────────────────┘

      X  Longit. Entfernung   2.000E+01 m    F  Wiedergewinnungsfak. 1.000E+00
      Y  Transv. Entfernung   0.000E+00 m    L  Abbaurate            0.000E+00 1/s

      m  Injiz. Tracermasse   5.000E+00 kg


      Vo Filtergeschwindigk.  1.200E-06 m/s
      nf Durchflußwirks. Por. 5.000E-02
      αL Long. Dispersivität  2.000E+00 m
      αT Trans. Dispersivität 5.000E-02 m
                                             Ci Grundbelastung       0.000E+00 kg/m3
      h  Aquifermächtigkeit   1.000E+01 m    Di anfängl. Verzögerung 0.000E+00 s


      * : 0 Parameter optimieren  (Kennzeichnen Sie neue Parameter mit der .o.-Taste)
```

Abb. 92.   Eingabeliste für die Parameter
              [C]: "Durchflußwirksame Porosität n_f .... -"
              [B]: <Return> "0,05" <Return>
              [C]: "Longit. Dispersivität α_L .... m"
              [B]: <Return> "2" <Return>

[C]: "Transv. Dispersivität α_T .... m"
[B]: \<Return\> "0,07" \<Return\>

Auf dem Bildschirm werden nun die zu optimierenden Parameter mit den Pfeiltasten angewählt und durch Drücken des Buchstabens "o" bzw. "O" gekennzeichnet.

[C]: "Durchflußwirksame Porosität n_f .... -"
[B]: "o"

Am Anfang der Zeile der Porosität erscheint ein blinkender Stern. Die untere und obere Grenze legen den Bereich für die Suche nach dem optimalen Wert dieses Parameters fest. Als Standardvorgaben sind als untere Grenze 0 und als obere Grenze $1,0 \times 10^{20}$ vorgegeben. Für die Bestätigung der Standardvorgaben ist es ausreichend, jeweils die \<Return\>-Taste zu drücken (Abb. 93 und 94). Eine versehentliche Wahl eines Parameters kann durch wiederholtes Drücken der Buchstabentaste "o" rückgängig gemacht werden.

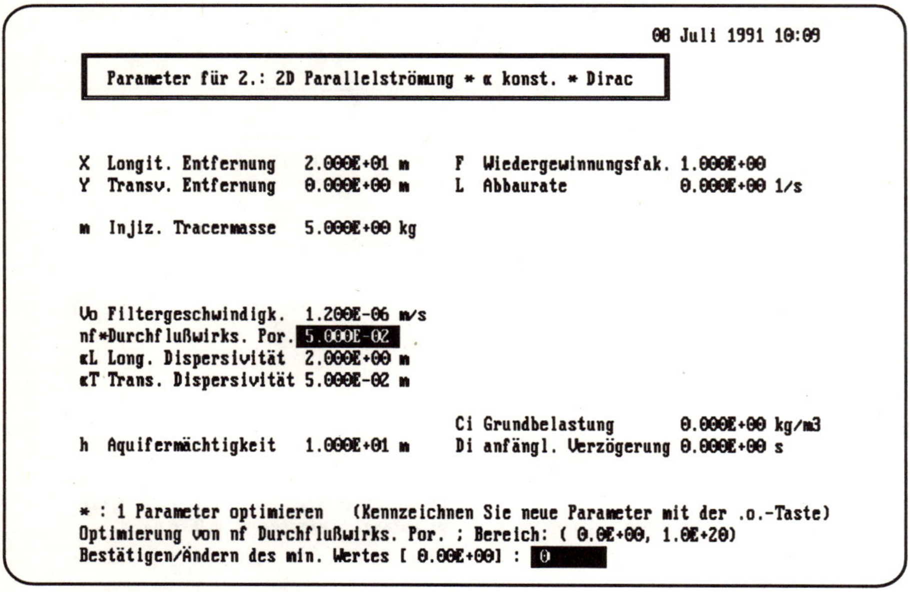

```
                                          08 Juli 1991 10:09
  ┌─────────────────────────────────────────────────────────┐
  │ Parameter für 2.: 2D Parallelströmung * α konst. * Dirac│
  └─────────────────────────────────────────────────────────┘

    X  Longit. Entfernung    2.000E+01 m    F  Wiedergewinnungsfak. 1.000E+00
    Y  Transv. Entfernung    0.000E+00 m    L  Abbaurate            0.000E+00 1/s

    m  Injiz. Tracermasse    5.000E+00 kg


    Vo Filtergeschwindigk.   1.200E-06 m/s
    nf*Durchflußwirks. Por.  5.000E-02
    αL Long. Dispersivität   2.000E+00 m
    αT Trans. Dispersivität  5.000E-02 m
                                             Ci Grundbelastung      0.000E+00 kg/m3
    h  Aquifermächtigkeit    1.000E+01 m    Di anfängl. Verzögerung 0.000E+00 s


    * : 1 Parameter optimieren   (Kennzeichnen Sie neue Parameter mit der .o.-Taste)
    Optimierung von nf Durchflußwirks. Por. ; Bereich: ( 0.0E+00, 1.0E+20)
    Bestätigen/ändern des min. Wertes [ 0.00E+00 ] : 0
```

Abb. 93.   Festlegung des Minimalwertes für den zu optimierenden Parameter

[C]: "Bestätigen/ändern des min. Wertes [0,0]"
[B]: \<Return\> \<Return\>

CATTI - Rechnergestützte Tracertestauswertung   135

```
                                                         08 Juli 1991 10:09

     Parameter für 2.: 2D Parallelströmung * κ konst. * Dirac


     X  Longit. Entfernung    2.000E+01 m     F  Wiedergewinnungsfak. 1.000E+00
     Y  Transv. Entfernung    0.000E+00 m     L  Abbaurate            0.000E+00 1/s

     m  Injiz. Tracermasse    5.000E+00 kg



     Vo Filtergeschwindigk.   1.200E-06 m/s
     nf*Durchflußwirks. Por.  5.000E-02
     αL Long. Dispersivität   2.000E+00 m
     αT Trans. Dispersivität  5.000E-02 m

                                              Ci Grundbelastung       0.000E+00 kg/m3
     h  Aquifermächtigkeit    1.000E+01 m     Di anfängl. Verzögerung 0.000E+00 s


     * : 1 Parameter optimieren    (Kennzeichnen Sie neue Parameter mit der .o.-Taste)
     Optimierung von nf Durchflußwirks. Por. ; Bereich:  0.0E+000, 1.0E+20)
     Bestätigen/Ändern des max. Wertes [ 1.00E+20] : 1
```

Abb. 94.   Festlegung des Maximalwertes für den zu optimierenden Parameter

                [C]:   "Bestätigen/ändern des max. Wertes [1,0 E+20]"
                [B]:   "1" <Return>

Die Wahl der injizierten Tracermasse und der longitudinalen Dispersivität geschieht auf die gleiche Weise.

```
                                              08 Juli 1991 10:30

    ┌─────────────────────────────────────────────────┐
    │ Parameter für 2.: 2D Parallelströmung * α konst. * Dirac │
    └─────────────────────────────────────────────────┘


    X  Longit. Entfernung    2.000E+01 m    F  Wiedergewinnungsfak. 1.000E+00
    Y  Transv. Entfernung    0.000E+00 m    L  Abbaurate            0.000E+00 1/s

    m  Injiz. Tracermasse    5.000E+00 kg



    Vo Filtergeschwindigk.   1.200E-06 m/s
    nf*Durchflußwirks. Por.  5.000E-02
    αL*Long. Dispersivität   2.000E+00 m
    αT*Trans. Dispersivität  5.000E-02 m

                                            Ci Grundbelastung     0.000E+00 kg/m3
    h  Aquifermächtigkeit    1.000E+01 m    Di anfängl. Verzögerung 0.000E+00 s


    * : 3 Parameter optimieren   (Kennzeichnen Sie neue Parameter mit der .o.-Taste)
```

Abb. 95. Bildschirmmaske nach Bestimmung der zu optimierenden Parameter und ihrer Grenzwerte

    [C]: "Longit. Dispersivität α_L .... m"
    [B]: "o" <Return>
    [C]: "Bestätigen/ändern des min. Werts [0,0]"
    [B]: <Return> <Return>
    [C]: "Bestätigen/ändern des max. Werts [1,0 E+20]"
    [B]: "20" <Return>
    [C]: "Transv. Dispersivität α_L .... m"
    [B]: <Return> <Return>
    [C]: "Bestätigen/ändern des max. Werts [1,0 E+20]"
    [B]: "20" <Return>

Nach Eingabe aller zu optimierenden Parameter und ihrer Grenzwerte (Abb. 95) verlassen Sie das Menü und rufen Sie mit Hilfe der <Esc>-Taste das Unterprogramm POP auf.

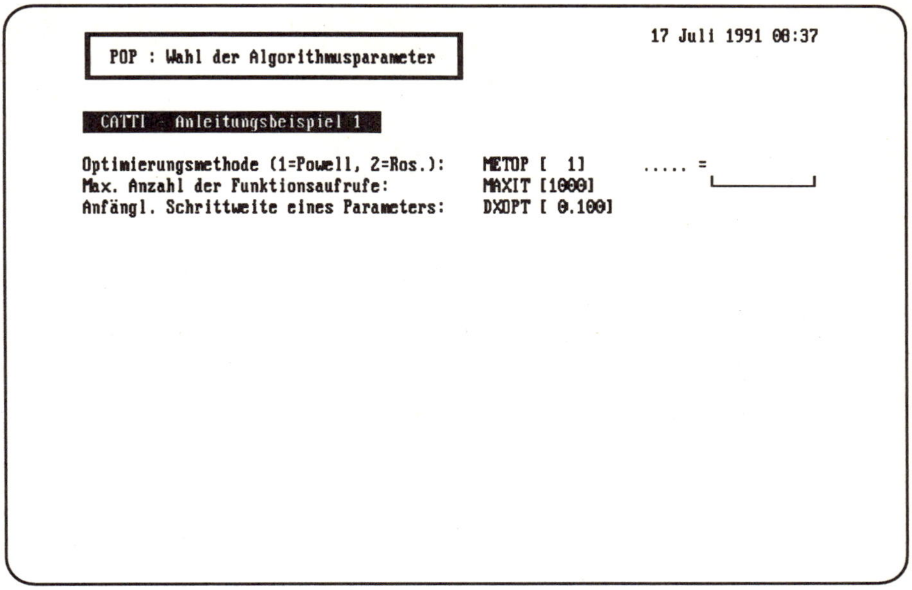

CATTI - Rechnergestützte Tracertestauswertung 137

```
┌─────────────────────────────────────────────────────────────────┐
│  ┌──────────────────────────────────────┐      17 Juli 1991 08:37│
│  │ POP : Wahl der Algorithmusparameter  │                        │
│  └──────────────────────────────────────┘                        │
│                                                                  │
│  ▌CATTI - Anleitungsbeispiel 1▐                                  │
│                                                                  │
│  Optimierungsmethode (1=Powell, 2=Ros.):  METOP [   1]  ..... = ┌──────┐│
│  Max. Anzahl der Funktionsaufrufe:        MAXIT [1000]          └──────┘│
│  Anfängl. Schrittweite eines Parameters:  DXOPT [ 0.100]                │
│                                                                  │
│                                                                  │
│                                                                  │
└─────────────────────────────────────────────────────────────────┘
```

Abb. 96.   Auswahl der Optimierungsmethode

Im ersten Menü von POP (Abb. 96) werden 2 Methoden zur Optimierung angeboten:

- die Methode POWELL Botm und
- die ROSENBROCK-Methode.

Für diese Optimierungsmethoden sind die Angaben verschiedener Parameter erforderlich. Standardvorgaben können mit der <Return>-Taste bestätigt werden.

METOP:	Kennzahl für ein Optimierungsverfahren (1 für POWELL, 2 für ROSENBROCK).
MAXIT:	Maximale Anzahl der Funktionsaufrufe. Nach Erreichen von MAXIT wird die Optimierung abgebrochen.
DXOPT:	Anfängliche Schrittweite eines Parameters. Sie wird gegeben als Bruchteil des Anfangswertes eines Parameters, der optimiert werden soll.
TOL:	Erlaubter Parameterfehler (POWELL) bzw. erlaubte Restvarianz (ROSENBROCK). Die Optimierung wird abgebrochen, wenn die Parameteränderung bzw. die Varianz kleiner als TOL ist.
ITIMP:	Maximale Anzahl der Iterationsschritte mit einer gesamten Verbesserung der Varianz von < 1 %. Die Optimierung wird abgebrochen, wenn die Varianz

während der letzten ITIMP Iterationsschritte nicht um mindestens 1 % verbessert wurde (nur bei ROSENBROCK).

Abbildung 97 zeigt die Eingabewerte für das vorliegende Beispiel. Mit der Antwort auf die Frage "Eingabe korrekt (J/N) ?" können die Eingabewerte bestätigt oder korrigiert werden.

```
                                                    17 Juli 1991 08:37
    ┌─────────────────────────────────────┐
    │ POP : Wahl der Algorithmusparameter │
    └─────────────────────────────────────┘

    ┌──────────────────────────────┐
    │ CATTI - Anleitungsbeispiel 1 │
    └──────────────────────────────┘

    Optimierungsmethode (1=Powell, 2=Ros.):   METOP [   1]    ..... = 1
    Max. Anzahl der Funktionsaufrufe:         MAXIT [1000]    ..... = 1000
    Anfängl. Schrittweite eines Parameters:   DXOPT [ 0.100]  ..... = .1
    Erlaubter Parameterfehler:                TOL   [ 1.0E-09] ..... = 1E-09




    ┌──────────────────────┐
    │ Eingabe korrekt (J/N)?│
    └──────────────────────┘
```

Abb. 97.   Eingabewerte für das Beispiel

Der Verlauf der Optimierung (Abb. 98) kann durch die Angaben der Varianzen und einer Zielfunktion, die als Verhältnis von aktueller Varianz zur anfänglichen Varianz vor der Optimierung gewählt wird, auf dem Bildschirm verfolgt werden. Zu jedem Zeitpunkt ist es möglich, mit den folgenden Funktionstasten in den Prozeß der Optimierung einzugreifen.

- F1: Abbruch der Optimierung und erneuter Start von CATTI.
- F3: Unterbricht den Prozeß und zeigt das Ergebnis, bevor CATTI aufgerufen wird.
- F9: Ermöglicht einen zeitweiligen Sprung zur DOS-Ebene. Die Rückkehr zum CATTI-Hauptmenü ist nach Schreiben von "EXIT" gefolgt von <Return> möglich.
- F10: Zurück zu DOS.

```
┌─────────────────────────────────────────────────────────────────┐
│     ▌Powell Botm Methode▐         Iteration:    5               │
│                                   Zielfunktion = 5.0068E-03     │
│     PARAMETER                     Varianz      = 1.6183E-04     │
│                                                                 │
│     Npop = 3                                                    │
│     MAXIT= 1000                                                 │
│     Anfangsschätzungen                                          │
│       1           .05                                           │
│       2          2                                              │
│       3           .05                                           │
│     Erf. Genauigkeit der Variablen                              │
│       1          .0025                                          │
│       2          .1                                             │
│       3          .0025                                          │
│                                                                 │
│                                                                 │
│     FUNKTIONSWERTE                                              │
│      1.0060E-01 4.2334E-01 8.6003E-02                           │
│     Parameter  2 außerhalb der Grenzen                          │
│                                                                 │
└─────────────────────────────────────────────────────────────────┘
```

Abb. 98. Kontrolle des Verlaufs der Optimierung

Nach Beendigung der Optimierung zeigt POP an, mit welchem Erfolg die Optimierung abgeschlossen wurde (Abb. 99):

- ■ maximale Anzahl der Iterationsschritte erreicht
- ■ Abbruchkriterium erfüllt
- ■ Änderung klein, d.h. Entwicklung zu langsam
- ■ manueller Abbruch

Außerdem werden die endgültig gefundenen physikalischen Parameter, die Varianz und die Zielfunktion angezeigt. Durch Drücken der <Esc>-Taste kehren Sie zum CATTI-Hauptmenü zurück.

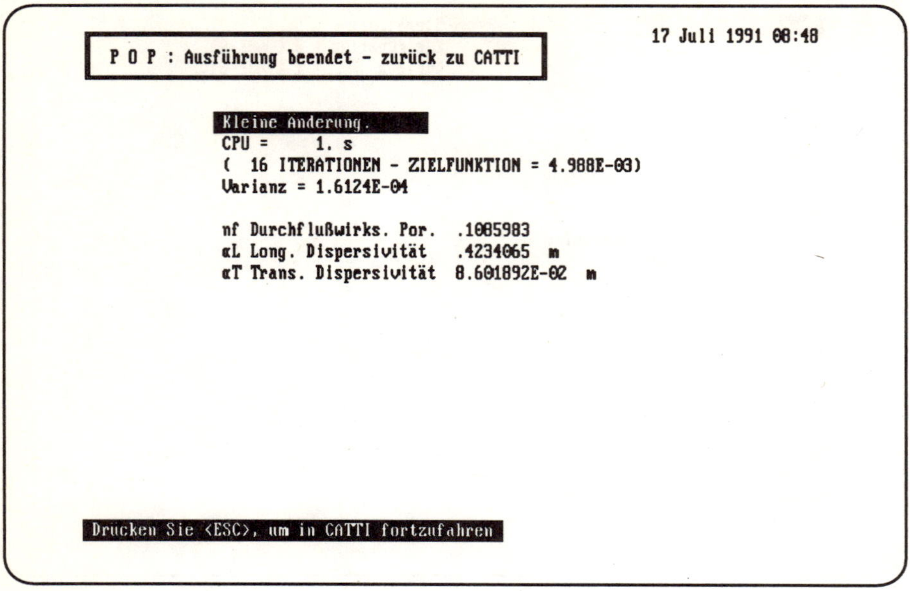

```
                                                    17 Juli 1991 08:48
    P O P : Ausführung beendet - zurück zu CATTI

          Kleine Änderung.
          CPU =     1. s
          ( 16 ITERATIONEN - ZIELFUNKTION = 4.988E-03)
          Varianz = 1.6124E-04

          nf Durchflußwirks. Por.   .1085983
          αL Long. Dispersivität    .4234065     m
          αT Trans. Dispersivität   8.601892E-02 m




    Drucken Sie <ESC>, um in CATTI fortzufahren
```

Abb. 99.   Anzeige nach Abschluß der Optimierung

Ist im ersten Versuch keine gute Anpassung erreicht worden, so läßt sich das Ergebnis verbessern, indem eine nochmalige Optimierung mit

- geänderten Anfangsparametern oder
- geänderten Parametern des Optimierungsverfahrens (z.B. anfängliche Schrittweite eines Parameters (DXOPT), erlaubter Parameterfehler bzw. Restvarianz (TOL), ROSENBROCKs α bzw. ß)

durchgeführt wird.

5.5.5 Zeichnen der mittels Optimierung angepaßten Kurve

Nach Abschluß der Optimierung und Rückkehr zu CATTI erscheint auf dem Bildschirm wieder das Hauptmenü. Für die Darstellung der optimierten Kurve wird im Hauptmenü die Option "Berechnung der Durchgangskurve" angewählt. Es erscheint eine neue Eingabemaske, in der zunächst der Titel der Untersuchung eingegeben werden muß (Abb. 75). Standardvorgabe ist der zuvor eingegebene Titel "CATTI- Anleitungsbeispiel 1". Danach werden die Parameter für die Skalierung der Achsen abgefragt (Abb. 100). Die Standardvorgaben können mit <Esc> bestätigt werden. Für die Lösung der Gleichung wählen Sie aus den mathematischen Modellen wieder "2D-Parallelströmung, a = const., DIRAC". Auf

CATTI - Rechnergestützte Tracertestauswertung 141

dem Bildschirm erscheint die Liste der physikalischen Parameter nach der Optimierung (Abb. 101). Die optimierten Werte n_f, α_L und α_T können überprüft werden. Sie sind weiterhin durch einen blinkenden Stern gekennzeichnet. Änderungen sind jetzt nicht möglich. Die Sperre wird erst nach Darstellung der Kurve mit den optimierten Parametern aufgehoben. Durch Drücken der <Esc>-Taste erscheint die nächste Eingabemaske, in welche die optimierten Werte übertragen werden (Abb. 102). Sie werden in der Legende der graphischen Darstellung der Kurve aufgeführt (Abb. 103). Auf dem Bildschirm erscheint eine sehr gut angepaßte Kurve. Die Varianz ist mit 1,6 E-04 (g/l)² nur halb so groß wie die, die bei der manuellen Optimierung erreicht wurde.

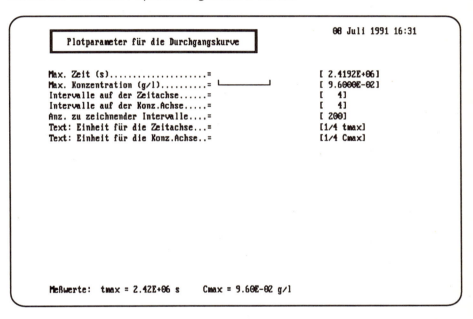

Abb. 100.   Abfragen der Parameter für die Achsenskalierung

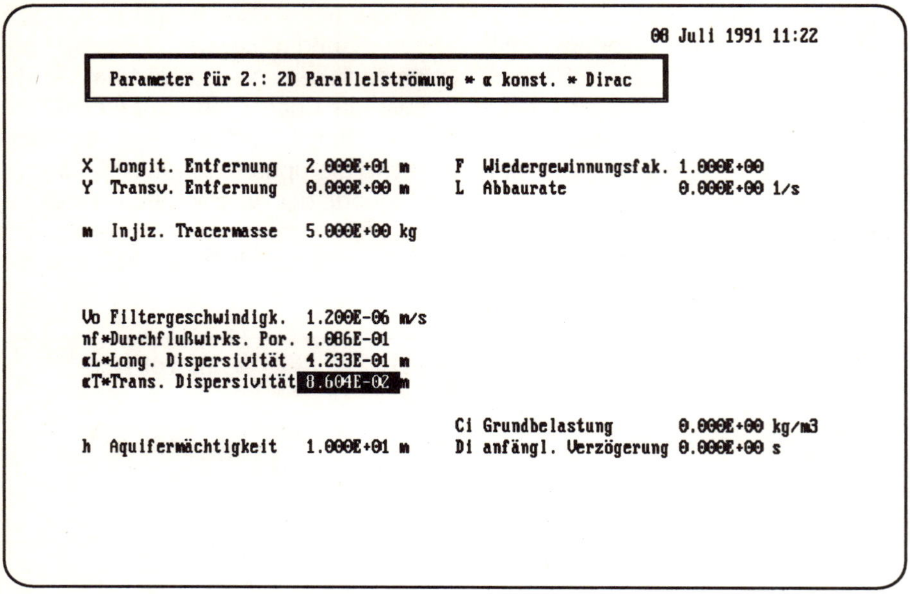

142　　　　　　　　　　　　　　　　　　　　Berechnungsverfahren und Modelle

```
                                                    08 Juli 1991 11:22
   ┌─────────────────────────────────────────────────┐
   │ Parameter für 2.: 2D Parallelströmung * α konst. * Dirac │
   └─────────────────────────────────────────────────┘

      X  Longit. Entfernung   2.000E+01 m      F  Wiedergewinnungsfak. 1.000E+00
      Y  Transv. Entfernung   0.000E+00 m      L  Abbaurate            0.000E+00 1/s

      m  Injiz. Tracermasse   5.000E+00 kg


      Vo Filtergeschwindigk.  1.200E-06 m/s
      nf*Durchflußwirks. Por. 1.086E-01
      αL*Long. Dispersivität  4.233E-01 m
      αT*Trans. Dispersivität 8.604E-02 m
                                               Ci Grundbelastung       0.000E+00 kg/m3
      h  Aquifermächtigkeit   1.000E+01 m      Di anfängl. Verzögerung 0.000E+00 s
```

Abb. 101.　　　Liste der physikalischen Parameter nach der Optimierung

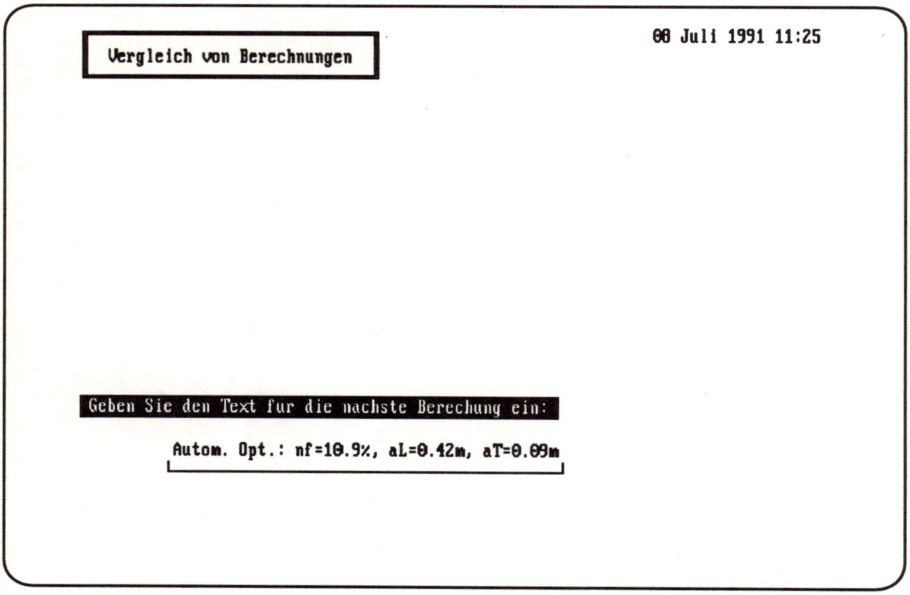

```
                                                    08 Juli 1991 11:25
   ┌──────────────────────────┐
   │ Vergleich von Berechnungen │
   └──────────────────────────┘




         ┌──────────────────────────────────────────────┐
         │ Geben Sie den Text für die nächste Berechung ein: │
         │                                              │
         │    Autom. Opt.: nf=10.9%, aL=0.42m, aT=0.09m │
         └──────────────────────────────────────────────┘
```

Abb. 102.　　　Übertragung der optimierten Werte in die Legende der graphischen Darstellung

CATTI - Rechnergestützte Tracertestauswertung   143

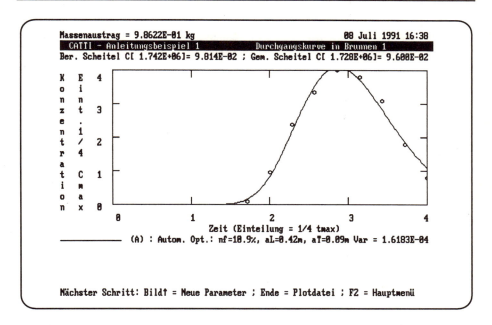

Abb. 103.   Darstellung der Kurve mit den optimierten Werten

5.5.6   Skalierung der Zeichenachsen

Um die Ergebnisse in absoluten Werten an Stelle von Verhältnissen auf den Achsen darzustellen, soll das Ergebnis der automatischen Optimierung mit neuen Skalierungsfaktoren gezeichnet werden.

Dazu springen Sie durch Drücken der Funktionstaste <F2> zum CATTI-Hauptmenü und wählen noch einmal die Option "Berechnung der Durchgangskurve". Das Ergebnis der letzten Untersuchung bleibt gespeichert. Die neuen Skalierungsfaktoren werden eingegeben (Abb. 104). Die maximal gemessene Zeit beträgt "gemess. t_{max} = 2,42 E + 06 s", das entspricht 28 Tagen. Um die gesamte Kurve darzustellen, wird eine Zeit t_{max} = 40 d = 3,456 E + 06 s gewählt. Die maximale Konzentration soll 0,1 g/l = 100 mg/l betragen. Für die restlichen Parameter werden die angegebenen Werte übernommen.

```
┌─────────────────────────────────────────────────────────────────┐
│                                              08 Juli 1991 16:39 │
│     ┌──────────────────────────────────────┐                    │
│     │ Plotparameter für die Durchgangskurve│                    │
│     └──────────────────────────────────────┘                    │
│                                                                 │
│   Max. Zeit (s)..................= 3.456e6      [ 2.4192E+06]   │
│   Max. Konzentration (g/l)........=    .1       [ 9.6000E-02]   │
│   Intervalle auf der Zeitachse....=    4        [      4]       │
│   Intervalle auf der Konz.Achse...=    4        [      4]       │
│   Anz. zu zeichnender Intervalle..=  200        [    200]       │
│   Text: Einheit für die Zeitachse.= 10 Tage     [1/4 tmax]      │
│   Text: Einheit für die Konz.Achse=  25 mg/l    [1/4 Cmax]      │
│                                                                 │
│                                                                 │
│                                                                 │
│                                                                 │
│                                                                 │
│  ┌────────────────────┐                                         │
│  │Eingabe korrekt (J/N)?                                        │
│  └────────────────────┘                                         │
│   Meßwerte:   tmax = 2.42E+06 s    Cmax = 9.60E-02 g/l          │
└─────────────────────────────────────────────────────────────────┘
```

Abb. 104.   Eingeben neuer Skalierungsfaktoren
            [C]:   "Max. Zeit (s)"
            [B]:   "3,456e6" <Return>
            [C]:   "Max. Konzentration (g/l)"
            [B]:   ".1" <Return>
            [C]:   "Anzahl der Intervalle Zeitachse"
            [B]:   <Return>
            [C]:   "Anzahl der Intervalle Konzentrationsachse"
            [B]:   <Return>
            [C]:   "Anzahl zu zeichnender Intervalle"
            [B]:   <Return>
            [C]:   "Text: Einheit Zeitachse"
            [B]:   "10 Tage" <Return>
            [C]:   "Text: Einheit Konzentrationsachse"
            [B]:   "25 mg/l" <Return>
            [C]:   "Eingabe korrekt (J/N) ?"
            [B]:   J

Aus dem folgenden Menü wird wieder die analytische Lösung "2D-Parallelströmung, α = const., DIRAC" gewählt. Die Standardvorgaben werden durch Drükken von <Esc> unverändert übernommen. Allerdings soll die vorhergehende Kurve eliminiert werden. Dazu drücken Sie im folgenden Menü (Abb. 105) eine "1" gefolgt von <Esc>. Danach geben Sie den Text für die nächste Berechnung ein (Abb. 106).

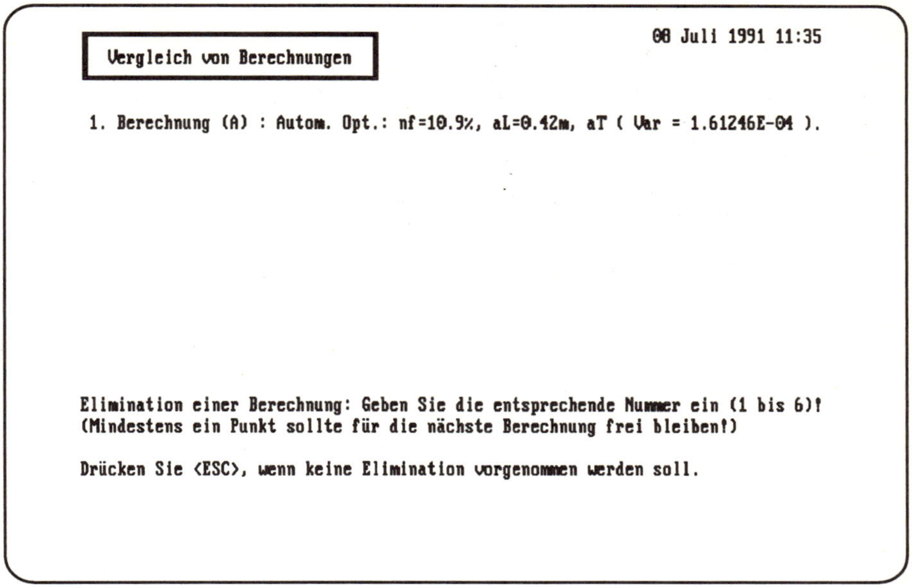

CATTI - Rechnergestützte Tracertestauswertung

```
┌─────────────────────────────────────────────────────────────┐
│  ┌─────────────────────────────┐         08 Juli 1991 11:35 │
│  │ Vergleich von Berechnungen  │                            │
│  └─────────────────────────────┘                            │
│                                                             │
│  1. Berechnung (A) : Autom. Opt.: nf=10.9%, aL=0.42m, aT ( Var = 1.61246E-04 ). │
│                                                             │
│                                                             │
│                                                             │
│                                                             │
│                                                             │
│  Elimination einer Berechnung: Geben Sie die entsprechende Nummer ein (1 bis 6)? │
│  (Mindestens ein Punkt sollte für die nächste Berechnung frei bleiben!) │
│                                                             │
│  Drücken Sie <ESC>, wenn keine Elimination vorgenommen werden soll. │
│                                                             │
└─────────────────────────────────────────────────────────────┘
```

Abb. 105. Eliminierung der vorhergehenden Kurve

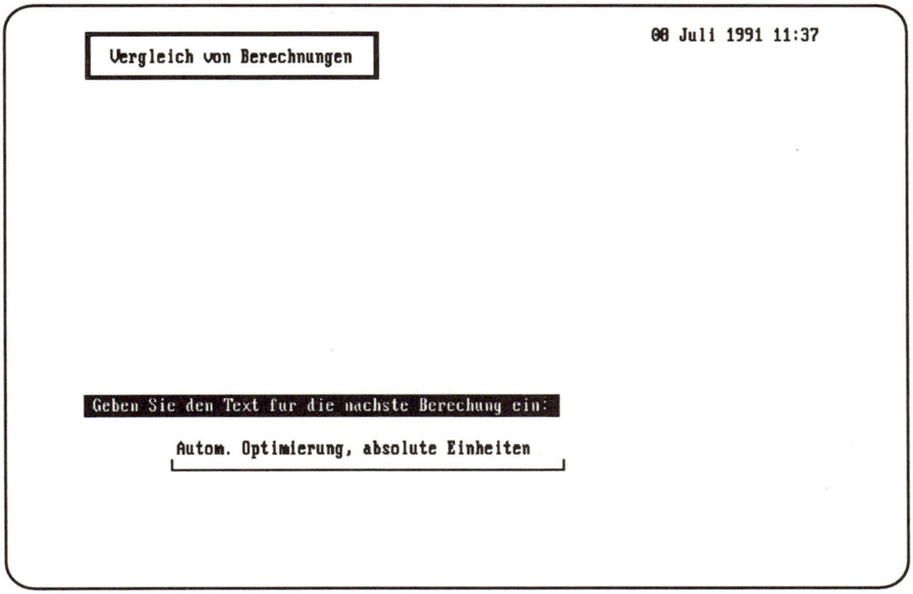

```
┌─────────────────────────────────────────────────────────────┐
│  ┌─────────────────────────────┐         08 Juli 1991 11:37 │
│  │ Vergleich von Berechnungen  │                            │
│  └─────────────────────────────┘                            │
│                                                             │
│                                                             │
│                                                             │
│                                                             │
│                                                             │
│                                                             │
│       ┌─────────────────────────────────────────────┐       │
│       │ Geben Sie den Text für die nächste Berechnung ein: │
│       │    Autom. Optimierung, absolute Einheiten   │       │
│       └─────────────────────────────────────────────┘       │
│                                                             │
└─────────────────────────────────────────────────────────────┘
```

Abb. 106. Eingabe des Textes zur Darstellung der Kurve
        [C]: "Geben Sie den Text für die nächste Berechnung ein"
        [B]: "Autom. Optimierung, absolute Einheiten" <Return>

Auf dem Bildschirm erscheint die verbesserte Kurve (Abb. 107). Die Zeitachse ist in 4 Abschnitte von je 10 Tagen und die Konzentrationsachse in 4 Abschnitte von je 25 mg/l eingeteilt. Zur Erstellung einer HP-GL-Graphikdatei drücken Sie <Ende> und geben den Namen der Graphikdatei ein oder wählen die Standardvorgabe "CATTI.PGL" durch Drücken der <Return>-Taste.

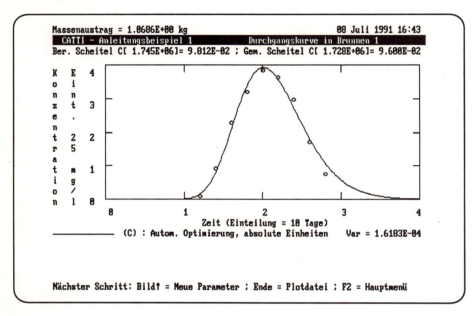

Abb. 107. Darstellung der Kurve mit neuen Skalierungsfaktoren

5.5.7 Erläuterungen zum Beispiel 2

Zusätzlich zum ersten Beispiel sollen Messungen aus zwei weiteren Grundwassermeßstellen berücksichtigt werden. Diese liegen auf einer Linie durch P1 senkrecht zur angenommenen mittleren Fließrichtung des Grundwassers (Abb. 108), die diesmal jedoch nur als ungefähr bekannt vorausgesetzt wird. Die Grundwassermeßstellen P2 und P3 liegen jeweils in einem Abstand von 2 m von der Meßstelle P_1 entfernt. Die Koordinaten der 3 Meßstellen sind

P1 (20,0), P2 (20,2) und P3 (20,-2).

Zur Zeit t = 0 wird im Injektionsbrunnen I eine Masse von 5 kg injiziert. Die Beobachtung an den 3 Meßstellen ergab die in Tabelle 18 aufgeführten Konzentrationsverläufe.

CATTI - Rechnergestützte Tracertestauswertung 147

Tabelle 18. Daten der Konzentrationsverläufe, Beispiel 2

Zeit [d]	12	14	16	18	20	22	24	26	28
Konzentration in P1 [mg/l]	2	23	57	80	96	91	74	43	19
Konzentration in P2 [mg/l]	1	9	22	39	48	41	29	23	12
Konzentration in P3 [mg/l]	0	1	7	7	13	14	13	7	7

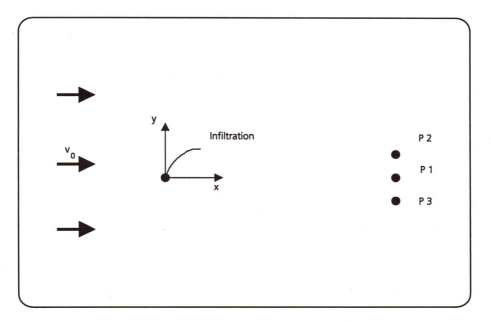

Abb. 108. Darstellung der Situation für Beispiel 2

5.5.8 Erstellen der Datei SAMPLE2.CAT

Das Erstellen der neuen Datei SAMPLE2.CAT kann, wie bereits in Kap. 5.5.1 beschrieben, analog zum ersten Beispiel erfolgen. Eine alternative Möglichkeit besteht darin, die Daten des ersten Beispieles SAMPLE1.CAT auf der DOS-Ebene nach SAMPLE2.CAT zu kopieren und dann zu CATTI zurückzukehren, um die Datei zu ergänzen. Diese Möglichkeit ist im folgenden beschrieben.

```
c:>    COPY SAMPLE1.CAT SAMPLE2.CAT
c:>    CATTI
```

Aus dem CATTI-Hauptmenü (Abb. 65) wählen Sie "Datei einlesen" und bestätigen mit <Return>.

In der folgenden Eingabemaske (Abb. 109) geben Sie als Dateinamen SAMPLE2 ein. Um eine zusätzliche Grundwassermeßstelle einzugeben, wählen Sie aus dem Hauptmenü die Option "Neue Meßstelle hinzufügen". In der entsprechenden Eingabemaske können Sie nun den Namen und die Lage der zusätzlichen Meßstelle eingeben (Abb. 110). Danach müssen die Datenpaare, bestehend aus Zeit und Konzentration, ergänzt durch den hier immer als 1 angesetzten Gewichtungsfaktor eingegeben werden (Abb. 111). Gehen Sie dabei wie schon in Kap. 5.5.2 beschrieben vor. Mit <Esc> gelangen Sie wieder ins Hauptmenü. Wiederholen Sie dann die Eingabe für die dritte Grundwassermeßstelle (Abb. 112 und 113). Mit der Option "Datei speichern" sichern Sie die Daten der Datei unter dem Namen SAMPLE2.CAT auf der Festplatte (Abb. 114).

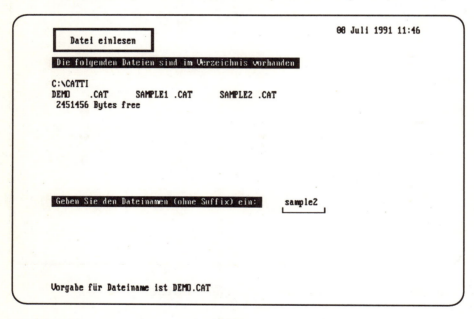

Abb. 109.   Einlesen der Datei SAMPLE2.CAT

CATTI - Rechnergestützte Tracertestauswertung 149

```
┌─────────────────────────────────────────────────────────────────────┐
│  ┌─────────────────────────────────────────┐      08 Juli 1991 11:56 │
│  │  Datensatz einer Meßstelle hinzufügen   │                        │
│  └─────────────────────────────────────────┘                        │
│                                                                     │
│                                                                     │
│                                                                     │
│          Name der Meßstelle:  Durchgangskurve in Brunnen 2          │
│                                                                     │
│          Ort : X(m) [10 m] = 20        ( nur > 0 )                  │
│                                                                     │
│          Ort : Y (m) [0 m] = 2                                      │
│                                                                     │
│          Zeiteinheit (s) [1 s] = 86400                              │
│                                                                     │
│          Einheit der Konzentration (g/l=kg/m3) [1 g/l] = 0.001      │
│                                                                     │
│                                                                     │
│  ▐ Eingabe korrekt (J/N)? ▌                                         │
└─────────────────────────────────────────────────────────────────────┘
```

Abb. 110.   Name und Lage der zweiten Meßstelle

```
┌─────────────────────────────────────────────────────────────────────┐
│  GW-Meßstelle: Durchgangskurve in Brunnen 2      12 Nov 1991 09:58  │
│  (x =  20.00 m  ,  y =   2.00 m)                                    │
│  ┌─────────────────┬─────────────────┬─────────────────┐            │
│  │      Zeit       │   Konzentration │     Gewicht     │            │
│  │  (in   86400.s) │  (in 1.00E-03 g/l)│               │            │
│  ├─────────────────┼─────────────────┼─────────────────┤            │
│  │t(  1)= 1.200E+01│C(  1)= 1.000E+00│P(  1)= 1.000E+00│            │
│  │t(  2)= 1.400E+01│C(  2)= 9.000E+00│P(  2)= 1.000E+00│            │
│  │t(  3)= 1.600E+01│C(  3)= 2.200E+01│P(  3)= 1.000E+00│            │
│  │t(  4)= 1.800E+01│C(  4)= 3.900E+01│P(  4)= 1.000E+00│            │
│  │t(  5)= 2.000E+01│C(  5)= 4.800E+01│P(  5)= 1.000E+00│            │
│  │t(  6)= 2.200E+01│C(  6)= 4.100E+01│P(  6)= 1.000E+00│            │
│  │t(  7)= 2.400E+01│C(  7)= 2.900E+01│P(  7)= 1.000E+00│            │
│  │t(  8)= 2.600E+01│C(  8)= 2.300E+01│P(  8)= 1.000E+00│            │
│  │▐t(  9)= 2.800E+01▌C(  9)= 1.200E+01│P(  9)= 1.000E+00│            │
│  │                 │                 │                 │            │
│  └─────────────────┴─────────────────┴─────────────────┘            │
│  ▐ Automatismus mit <ESC> beenden ▌                                 │
│  Editor Tastenbelegung: ↑ ↓ → ←  Bild↑/↓ Pos1 Ende Einfg Entf CR Esc Bksp │
└─────────────────────────────────────────────────────────────────────┘
```

Abb. 111.   Daten der Durchgangskurve des zweiten Brunnens

150　　　　　　　　　　　　　　　　　　Berechnungsverfahren und Modelle

```
┌──────────────────────────────────────────────────────────────────┐
│  ┌─────────────────────────────────────┐        08 Juli 1991 12:00│
│  │ Datensatz einer Meßstelle hinzufügen│                          │
│  └─────────────────────────────────────┘                          │
│                                                                    │
│                                                                    │
│           Name der Meßstelle:  Durchgangskurve in Brunnen 3       │
│                                                                    │
│           Ort : X(m) [10 m] = 20        ( nur > 0 )               │
│                                                                    │
│           Ort : Y (m) [0 m] = -2                                   │
│                                                                    │
│           Zeiteinheit (s) [1 s] = 86400                           │
│                                                                    │
│           Einheit der Konzentration (g/l=kg/m3) [1 g/l] = 0.001   │
│                                                                    │
│ ┌─────────────────────┐                                           │
│ │ Eingabe korrekt (J/N)?│                                         │
│ └─────────────────────┘                                           │
└──────────────────────────────────────────────────────────────────┘
```

Abb. 112.　　　Name und Lage der dritten Meßstelle

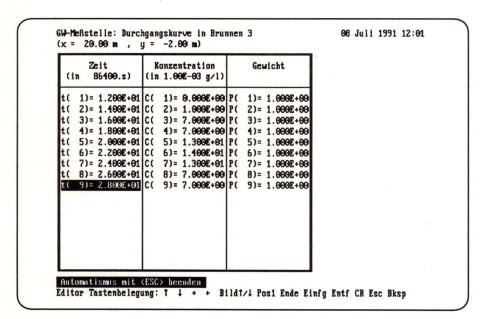

Abb. 113.　　　Daten der Durchgangskurve des dritten Brunnens

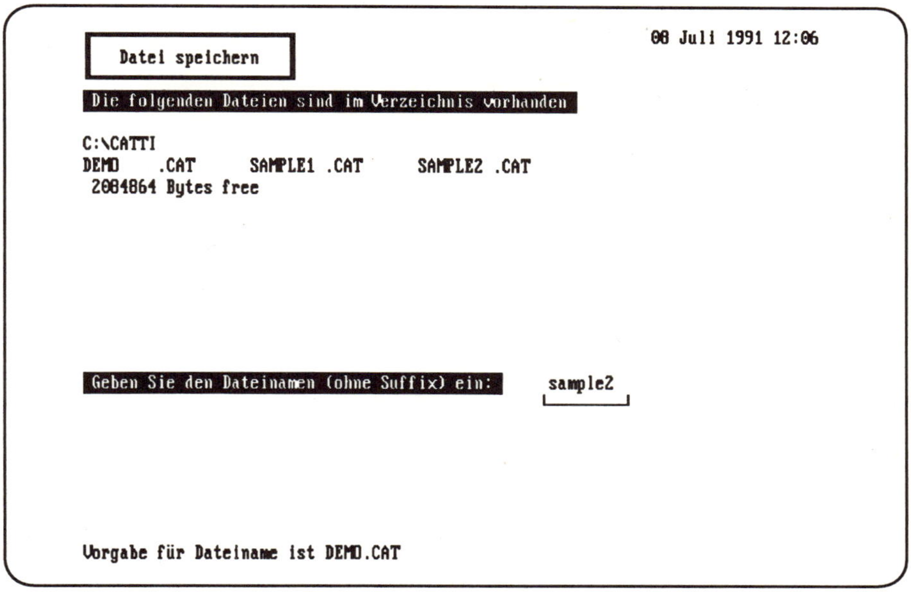

CATTI - Rechnergestützte Tracertestauswertung   151

```
┌─────────────────────────────────────────────────────────────────┐
│  ┌─────────────────┐                         08 Juli 1991 12:06 │
│  │ Datei speichern │                                             │
│  └─────────────────┘                                             │
│  ╔═══════════════════════════════════════════════╗               │
│  ║ Die folgenden Dateien sind im Verzeichnis vorhanden ║         │
│  ╚═══════════════════════════════════════════════╝               │
│  C:\CATTI                                                        │
│  DEMO     .CAT     SAMPLE1 .CAT     SAMPLE2 .CAT                 │
│  2084864 Bytes free                                              │
│                                                                  │
│                                                                  │
│                                                                  │
│                                                                  │
│  ╔══════════════════════════════════════════╗                    │
│  ║ Geben Sie den Dateinamen (ohne Suffix) ein: ║   sample2        │
│  ╚══════════════════════════════════════════╝                    │
│                                                                  │
│                                                                  │
│                                                                  │
│  Vorgabe für Dateiname ist DEMO.CAT                              │
└─────────────────────────────────────────────────────────────────┘
```

Abb. 114.   Sicherung der Daten

5.5.9 Automatische Interpretation der Daten des Beispiels 2

Für das zweite Beispiel kann auch die manuelle Anpassung und Optimierung der Kurve sowie der 5 Parameter erfolgen. Die große Anzahl der unbekannten Größen macht dies jedoch nicht einfach. Außerdem kann CATTI immer nur die Kurve einer Grundwassermeßstelle auf dem Bildschirm darstellen. Zur Darstellung der Durchgangskurven der anderen Meßstellen muß nach der Wahl "Berechnung der Durchgangskurve" im Hauptmenü die entsprechende Meßstelle gewählt werden.

Zunächst sollen jedoch die gemessenen Durchgangskurven mit den im ersten Beispiel gefundenen Parameterwerten gezeichnet werden. Dazu wählen Sie im Hauptmenü die Option "Berechnung der Durchgangskurve" und als analytische Lösung der Gleichung die Option "2D-Parallelströmung, α = const., Winkel ?, DIRAC", die auch die Interpretation der Grundwasserfließrichtung erlaubt. Fahren Sie dann wie folgt fort (Abb. 115):

```
    ┌─────────────────────────────────────────────────────────────┐
    │                                              09 Juli 1991 14:12│
    │    ┌─────────────────────────────────┐                      │
    │    │ Welche Kurve soll untersucht werden? │                 │
    │    └─────────────────────────────────┘                      │
    │   Titel der Untersuchung: CATTI - Anleitungsbeispiel 2      │
    │                                                              │
    │   Die Varianz wird für den gesamten Datensatz der  3 Meßstelle(n)│
    │   berechnet, aber es wird nur EINE Durchgangskurve gezeichnet:│
    │                                          ┌──────────────┐   │
    │                                          │ Kurve Nr.:   │   │
    │                                          └──────────────┘   │
    │                                                              │
    │      Kurve # 1           Durchgangskurve in Brunnen 1       │
    │      Kurve # 2           Durchgangskurve in Brunnen 2       │
    │      Kurve # 3           Durchgangskurve in Brunnen 3       │
    │                                                              │
    └─────────────────────────────────────────────────────────────┘
```

Abb. 115.   Eingabe der zu untersuchenden Durchgangskurven
  [C]: "Titel der Untersuchung"
  [B]: "CATTI-Anleitungsbeispiel 2" <Return>
  [C]: "Kurve Nr.:"
  [B]: "1" <Return>

Geben Sie dieselben Plotparameter der Durchgangskurve wie am Ende des ersten Beispiels (Abb. 104) ein. Das Ergebnis zeigt Abb. 116. Die Liste der physikalischen Parameter soll ebenfalls übernommen und um den Winkel der Fließrichtung $\theta = 0°$ erweitert werden:

$$\theta = 0°, m = 5 \text{ kg}, v_o = 1{,}2 \text{ E-06 m/s}, n_f = 0{,}11, \alpha_L = 0{,}5 \text{ m}, \alpha_T = 0{,}07 \text{ m},$$
$$h = 10 \text{ m}, F = 1$$

Auf dem Bildschirm werden die Durchgangskurven der beiden zusätzlichen Beobachtungsbrunnen dargestellt. Aufgrund der Symmetrie bei einem Winkel Null der Fließrichtung sind die Kurven P2 und P3 identisch (Abb. 117).

Die Optimierung wird nun, wie in Kap. 5.5.4 beschrieben, durchgeführt. Die zu optimierenden Parameter werden mit der Buchstabentaste "o" ausgewählt und die Bereiche wie folgt definiert:

$$F \in [0{,}2; 2]$$
$$\theta \in [-10; +10]$$
$$n_f \in [0; 1]$$
$$\alpha_L \in [0; 20]$$
$$\alpha_T \in [0; 20]$$

CATTI - Rechnergestützte Tracertestauswertung 153

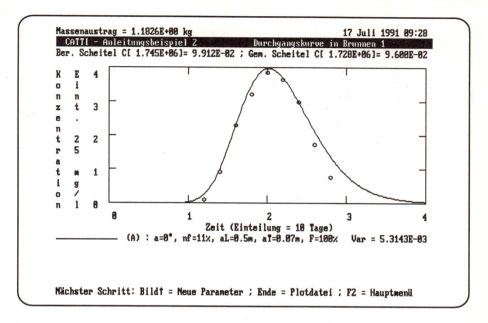

Abb. 116.   Anzeige der Durchgangskurve von Brunnen 1

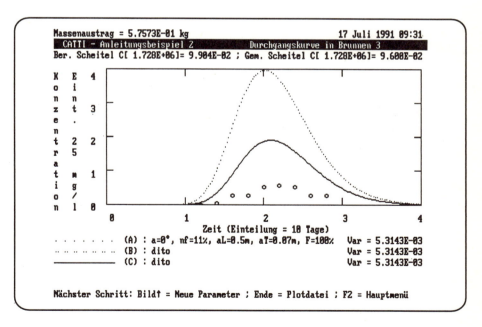

Abb. 117.   Anzeige der Durchgangskurve von Brunnen 3

Die Parameter werden in Schritten variiert, die als Prozentsatz des Parameterwerts zu Beginn festgelegt sind. Die Anfangswerte aller zu optimierenden Parameter sollten daher ungleich Null sein. Um Probleme bei der Optimierung zu vermeiden, muß also der Winkel der Fließrichtung zu Beginn der Optimierung, z.B. $\theta = 1°$, gesetzt werden.

Die Ergebnisse der Optimierung bei einer Varianz von 2,6099 E-04 (g/l)^2 (Abb. 118) sind:

$\theta = 1,28°$, $n_f = 10,8$ %, $\alpha_L = 0,420$ m, $\alpha_T = 0,037$ m, $F = 69,7$ %.

Die gute Anpassung an die Daten in allen 3 Beobachtungsbrunnen ist aus den Abb. 119-121 ersichtlich.

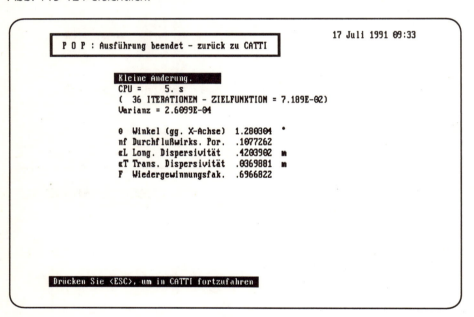

Abb. 118. Ergebnisse der Optimierung

CATTI - Rechnergestützte Tracertestauswertung 155

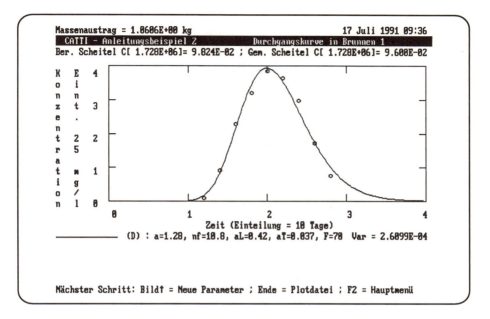

Abb. 119.   Angepaßte Durchgangskurve für Brunnen 1

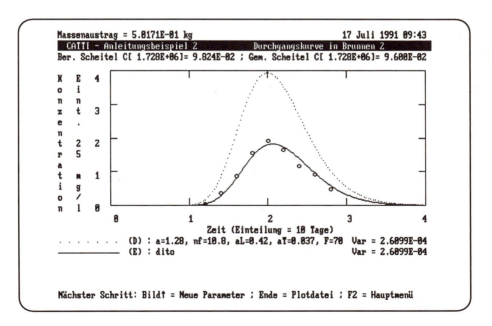

Abb. 120.   Angepaßte Durchgangskurve für Brunnen 2

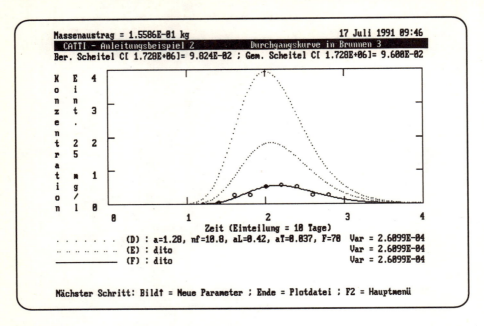

Abb. 121. Angepaßte Durchgangskurve für Brunnen 3

6 SIC – Statistische Verteilung von Isochronen um einen Einzelbrunnen in Grundströmung

(W. Kinzelbach und R. Rausch 1991b)

6.1 Einleitung

Die vorliegende Dokumentation vermittelt Informationen über den Einsatz und die Anwendung des Programmes SIC (**S**tochastische **I**so**C**hrone).

Das Programm SIC berechnet *statistische Verteilungen von Isochronen* um einen Brunnen in Grundströmung bei unsicheren Eingangsdaten mit Hilfe einer Monte-Carlo-Technik. Es basiert auf einer analytischen Lösung für die Isochronen um einen Einzelbrunnen in Grundströmung.

Während bei der üblichen deterministischen Isochronenberechnung alle Parameter durch einen festen Wert vorgegeben werden, wird bei der stochastischen Berechnung für jeden Parameter eine Verteilung vorgegeben. Die Verteilung kann z.B. durch eine obere und untere Schranke oder Mittelwert und Standardabweichung definiert sein. Mit Hilfe eines Zufallgenerators werden aus den Verteilungen Parameterkombinationen gewählt und für jede Kombination eine übliche deterministische Isochronenberechnung durchgeführt. Alle Ergebnisse werden superponiert und die Verteilung der Ergebnisse in Form von Perzentilen dargestellt. Grundlage für die Berechnung der Isochrone ist die Formel von BEAR u. JACOBS (1965), s. auch Abb. 9. Die 50%-Perzentile stellt den erwarteten Verlauf der Isochrone dar. N%-Perzentile bedeutet, daß mit N%-iger Sicherheit die tatsächliche Isochrone innerhalb der N%-Kurve liegt.

Die Anwendung des Programms wird durch die bildschirmorientierte und interaktive Eingabe erleichtert. Alle erforderlichen Daten werden über Eingabemenüs interaktiv im Dialog eingegeben und in gewissem Maß auf ihre Plausibilität überprüft. Eine Kurzbeschreibung des Programms enthält der Hilfetext, der jederzeit einsehbar ist. Die Ergebnisse der Berechnung können derzeit nur auf dem Bildschirm graphisch dargestellt werden.

6.2 Installation

Die Installation des Programms SIC auf dem PC ist nach der im Anhang beschriebenen Methode durchzuführen. In der Tabelle 19 sind die mitgelieferten Dateien aufgelistet.

Tabelle 19. Dateien auf der Programm-CD

Dateiname	Beschreibung
SIC.EXE	Ausführbare Version von SIC
SIC.BAS	Quellcode
SICSUB.BAS	Bibliothek für SIC (Quellcode)
SICSUB.LIB	Übersetzte Bibliothek für SIC
SICSUB.QLB	Quick-Bibliothek für SIC

Um das Programm zu starten, geben Sie "SIC" auf der DOS-Ebene ein und drücken Sie die <Enter>-Taste. Startet das Programm nicht, überprüfen Sie, ob sich die Datei "SIC.EXE" im aktuellen Verzeichnis befindet bzw. wechseln Sie in das korrekte Verzeichnis, und starten Sie erneut.

6.3 Theoretischer Hintergrund

Voraussetzung für die Berechnung ist ein unendlich ausgedehnter, isotroper und homogener Aquifer. Die stationäre Grundströmung verläuft parallel zur x-Achse. Bei dem Brunnen handelt es sich um einen vollkommenen Entnahmebrunnen mit einer konstanten Entnahmerate. Unter diesen Voraussetzungen läßt sich eine Isochrone mit einer Laufzeit t zum Brunnen analytisch berechnen. Nach BEAR u. JACOBS (1965) berechnet sich die Laufzeit eines Partikels vom Punkt (x,y) zu einem Entnahmebrunnen (0,0) wie folgt:

$$t = \frac{n_f Q}{2\pi m v_0^2} \left[x \frac{2\pi m v_0}{Q} - \ln\left(x \frac{\sin(y 2\pi m v_0 / Q)}{y} + \cos\left(\frac{y 2\pi m v_0}{Q}\right)\right) \right]$$

wobei

- Q: Entnahmerate des Brunnens
- n_f: durchflußwirksame Porosität
- m: Aquifermächtigkeit
- v_0: Filtergeschwindigkeit der Grundströmung

Besonders einfach wird die Lösung, wenn statt der kartesischen Koordinaten Polarkoordinaten verwendet werden

$$r = -\frac{\varphi}{\sin(\varphi) 2\pi m v_0 / Q}$$

Das Programm setzt weiterhin voraus, daß die Strömung räumlich zweidimensional (2D) ist und gespannte Grundwasserverhältnisse vorliegen. Es kann aber auch auf freie Aquifere angewandt werden, wenn die räumliche Variabilität der Wasserspiegelhöhen (z.B. Absenkungen) klein gegenüber der Aquifermächtigkeit ist.

Für die Berechnung der Isochronen werden die folgenden Daten benötigt:

Anzahl der Realisationen
Die Anzahl der Realisationen gibt an, wie oft eine Parameterkombination generiert wird. Mit wachsender Anzahl der Realisationen wird die Ergebnisverteilung glatter und die Statistik sicherer.

SIC - Statistische Verteilung von Isochronen

Entnahmerate des Brunnens
Die Entnahmerate muß als positive Zahl eingegeben werden.

Laufzeit
Dies ist die Laufzeit der gesuchten Isochrone. Für die Ermittlung der Schutzzone II, die durch die 50-Tagelinie definiert ist, wird zum Beispiel ein Wert von 50 d eingegeben.

Öffnungswinkel
Hier wird der mögliche Streubereich der Grundströmungsrichtung eingegeben. Er wird als symmetrisch und um die mittlere erwartete Richtung gleichverteilt angenommen. Eine gegenüber der erwarteten Richtung modifizierte Grundströmungsrichtung wird im Programm in einer Diskretisierung von 10°-Intervallen berücksichtigt. Deshalb sollten nur Null oder das Vielfache von 10° eingegeben werden.

Durchlässigkeitswert
Der Typ der statistischen Verteilung der k_f-Werte kann als Gleichverteilung oder als Lognormalverteilung angenommen werden. Nach der Wahl des Verteilungstyps werden die charakteristischen Werte spezifiziert. Bei der Lognormalverteilung werden der Logarithmus des mittleren erwarteten Werts und die Standardabweichung des logarithmierten k_f-Werts eingegeben. Bei sicherem k_f-Wert wird als Standardabweichung Null oder bei Gleichverteilung für die obere und untere Schranke der gleiche Wert eingegeben.

Durchflußwirksame Porosität, hydraulischer Gradient und Aquifermächtigkeit
Bei der durchflußwirksamen Porosität n_f, dem hydraulischen Gefälle i und der Mächtigkeit m wird von einer Gleichverteilung zwischen 2 Schranken ausgegangen. Ist ein Parameter sicher, so wird als obere und untere Schranke derselbe Wert eingegeben.

Ausschnittskoordinaten
Die Ausschnittskoordinaten haben keinen Einfluß auf die Rechnung. Sie legen lediglich die Darstellungsgröße und die Abstandsmarkierungen in der Darstellung fest.

Für jede Realisation werden die gewählten Zufallswerte der Eingabeparameter während der Rechnung auf dem Bildschirm angezeigt. Die damit bestimmte Isochrone wird gleichzeitig graphisch dargestellt. Alle Isochronen werden superponiert. Alpha ist der stochastisch generierte Winkel der Grundströmung zur x-Achse in der aktuellen Realisation.

Nach Beendigung der Berechnung aller Einzelisochronen werden die Perzentilen farbig dargestellt. Die Perzentilen können aufgrund der endlichen Anzahl von Realisationen unsymmetrisch sein. Um auf der sicheren Seite zu liegen, sollte die weiter ausgedehnte Hälfte der Perzentile verwendet werden. Die

100%-Perzentile stellt die Einhüllende aller Isochronen dar. Sie sollte jedoch nicht für Zwecke der Schutzzonenbestimmung herangezogen werden, da sie zu konservativ ist. Zur Dokumentation werden die Eingabedaten auf der rechten Bildschirmseite angezeigt.

6.4 Beispiel

Nach dem Start des Programms erscheint zunächst das Titelbild von SIC (Abb. 122). Nach Drücken einer beliebigen Taste erscheint das Hauptmenü (Abb. 123). Zur Eingabe der Parameter wählen Sie aus dem Hauptmenü die Option 2 "MODELLDATEN EDITIEREN".

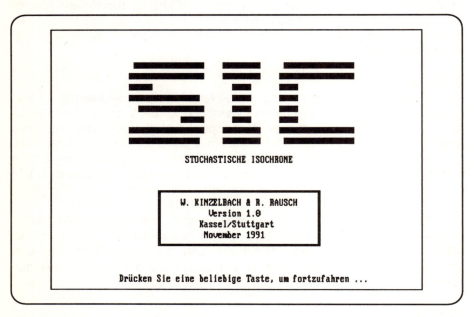

Abb. 122. Titelbild von SIC

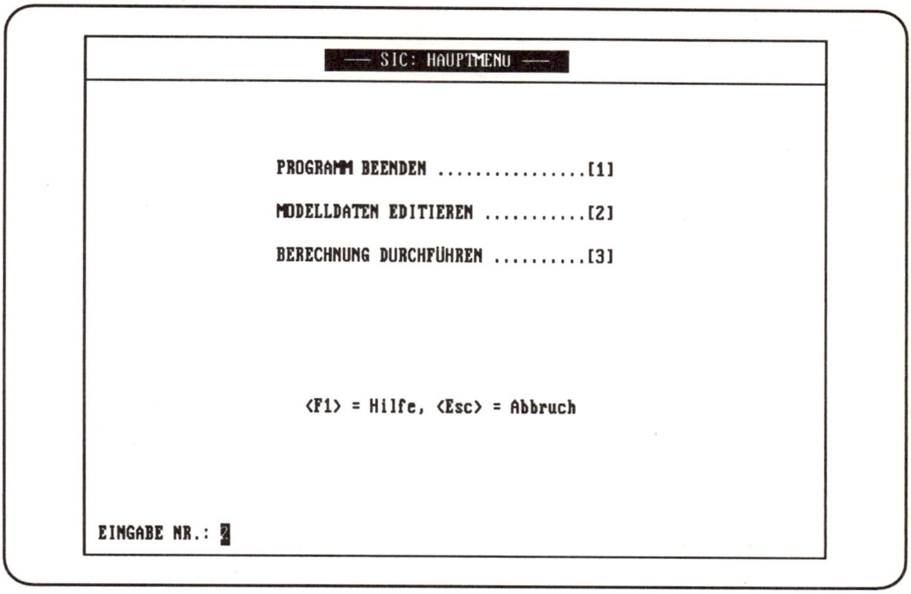

SIC - Statistische Verteilung von Isochronen   161

```
         ──── SIC: HAUPTMENÜ ────

         PROGRAMM BEENDEN ............[1]
         MODELLDATEN EDITIEREN ........[2]
         BERECHNUNG DURCHFÜHREN .......[3]



              <F1> = Hilfe, <Esc> = Abbruch



EINGABE NR.: 2
```

Abb. 123.   Hauptmenü

Hinweis: Der Hilfetext kann jederzeit durch Drücken von <F1> auf dem Bildschirm angezeigt werden. Nach Drücken der <Ende>-Taste wird der Hilfetext wieder gelöscht.

In dem folgenden Menü (Abb. 124) können die Eingabedaten eingegeben bzw. die Standardvorgaben verändert werden, indem Sie auf die Frage "Eingabe korrekt [J/N]?" mit "N" für Nein antworten. Eingabe von "J" (Ja) beendet die Dateneingabe, und es erfolgt automatisch die Rückkehr ins Hauptmenü.

```
                    ╔═══════════════════════╗
                    ║      DATENEINGABE     ║
                    ╚═══════════════════════╝

    MODELLPARAMETER:

        Anzahl der Realisationen .....[10-1000] 100
        Entnahmerate ...................[m3/s] .01
        Laufzeit ..........................[d] 50
        Öffnungswinkel ....................[°] 45
        kf-Verteilung lognormal/gleich ...[1/2] 2

        kf-Min ...[m/s] .001         kf-Max ...[m/s] .01
        nf-Min .....[-] .05          nf-Max .....[-] .15
        i-Min ......[-] .001         i-Max ......[-] .002
        m-Min ......[m] 8            m-Max ......[m] 12

    ZEICHNUNGSAUSSCHNITT:

        x-Min [m] -200         x-Max [m] 1000        x-Ink.[m] 100
        y-Min [m] -500         y-Max [m] 500         y-Ink.[m] 100


    EINGABE KORREKT ? [J/N]
```

Abb. 124.   Menü zur Dateneingabe

Wählen Sie in der ersten Erprobung die Standardvorgaben und geben Sie deshalb an dieser Stelle "J" ein. Um die Berechnung auszuführen, wählen Sie die Option 3 "BERECHNUNG DURCHFÜHREN".

Auf dem Bildschirm wird das Modellgebiet dargestellt. Für jede Realisation wird der jeweilige Zufallswert der Eingabeparameter angezeigt sowie die damit berechnete Isochrone gezeichnet. Dabei werden alle Isochronen im gleichen Bild superponiert. Aus der Menge aller berechneten Isochronen wird durch Ordnen längs radialer Strahlen die Häufigkeitsverteilung der Isochronen erzeugt.

Abbildung 125 zeigt das Ergebnis des Beispiels als Bildschirmkopie. Die Graphik zeigt in unterschiedlichen Farben die Perzentilen von 50-100% in Schritten von 10%. Die innerste Zone gibt die erwartete Isochrone an. Die äußere Zone ist die Einhüllende aller gezeichneten Isochronen und stellt damit die 100 %-Perzentile dar. Derzeit kann noch keine Graphikdatei erzeugt werden.

SIC - Statistische Verteilung von Isochronen   163

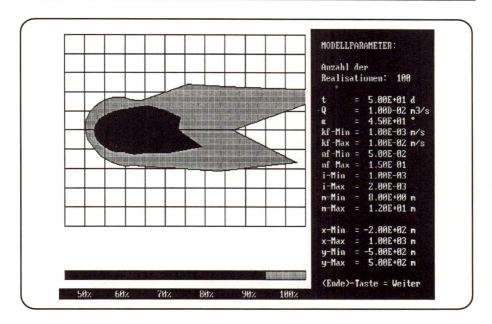

Abb. 125.   Ergebnisdarstellung

6.5   Durchführen von Änderungen im Programm SIC

Auf der Programmdiskette ist der Quellcode des Programms SIC enthalten. Damit ist es möglich, das Programm nach eigenen Wünschen und Erfordernissen zu verändern bzw. zu ergänzen.

SIC ist in Microsoft QuickBASIC (Version 4.0) geschrieben. Der Quellcode ist als ASCII-Datei unter dem Namen "SIC.BAS" abgespeichert. Die Datei kann mit jedem beliebigen Texteditor eingesehen und verändert werden. Für die Übersetzung des Programms ist der Microsoft QuickBASIC Compiler Version 4.0 oder höher erforderlich. Alle Module des Programms benutzen die Bibliotheksdatei SICSUB.LIB. Bei der Übersetzung muß deshalb SICSUB.LIB mit dem ausführbaren Code gebunden werden. Weitere Informationen, die Übersetzen und Binden betreffen, sind dem Handbuch von QuickBASIC zu entnehmen.

7 GFR – 3D-Finite-Elemente-Modell zur Grundwasserströmungsberechnung

(W. H. Chiang, C. Cordes, W. Kinzelbach und S. Z. Fang 1992)

7.1 Einleitung

Die vorliegende Dokumentation vermittelt Informationen über den Einsatz und die Anwendung des Programms GFR (**G**roundwater **F**low **R**ealization).

Bei der In-situ-*Sanierung von Grundwasserschadensfällen* werden in der Regel *geotechnische oder hydraulische Maßnahmen* eingesetzt. Beim Entwurf von derartigen Sanierungsmaßnahmen stellen numerische Grundwassermodelle ein wertvolles Hilfsmittel dar. Da die erforderlichen Dateneingaben für ein numerisches Grundwassermodell viel umfangreicher sind als für ein analytisches Modell und eine Maßnahme durch Berechnung von vielen Varianten im Dialog mit dem Rechner gefunden werden muß, ist die benutzerfreundliche Organisation eines numerischen Grundwassermodells unerläßlich. In diesem Sinn wurde die vorliegende Software GFR entwickelt.

GFR besteht aus einer Anzahl von *Modulen*, die jeweils eigene separate Aufgaben erfüllen. Die Naturdaten (z.B. Durchlässigkeit des Aquifers, Schichthöhen oder Lage der Oberflächengewässer) und die Daten der technischen Sanierungsmaßnahmen können mit Hilfe unterschiedlicher Module eingegeben werden. In der vorliegenden Version von GFR können Brunnen, Schlitzwände, Dränagen, Infiltrationen, Dichtungssohlen und Abdeckungen als Sanierungsmaßnahmen simuliert werden. Für die Generierung eines *Finite-Elemente-Netzes* ist ebenfalls ein Modul vorhanden. Die Netzknoten sind vom Benutzer mit Hilfe eines graphischen Netzentwurfsprogramms (FE-Mesh-Designer) frei definierbar, wobei die durch die Lage von Oberflächengewässern und technischen Sanierungsmaßnahmen vorgegebenen Knoten bei der Netzgenerierung berücksichtigt werden.

GFR wird anhand einer ausführlichen Beispielsitzung vorgestellt. Diese umfaßt

- Eingabe der erforderlichen Daten für ein dreidimensionales Finite-Elemente-Modell zur Berechnung der Grundwasserströmung,
- Entwurf und Generierung eines dreidimensionalen Finite-Elemente-Netzes,
- Berechnung der dreidimensionalen Grundwasserströmung,
- Darstellung der berechneten Standrohrspiegelhöhen in Form von Isolinien,
- Berechnung der Wasserbilanz für beliebige Teilgebiete sowie für den ganzen Modellbereich und
- Darstellung von Bahnlinien im Grundriß und in zwei vertikalen Projektionen.

GFR - 3D Finite-Elemente-Modell zur Grundwasserströmungsberechnung 165

7.2 Installation von GFR

Die Installation des Programms GFR auf dem PC ist nach der im Anhang beschriebenen Methode durchzuführen.

In Tabelle 20 sind alle zur Installation und zur Durchführung der Beispielsitzung notwendigen Programme und Dateien aufgeführt.

Tabelle 20. Zur Installation von GFR notwendige Dateien

Dateiname	Beschreibung
GFR.EXE	Hauptprogramm
GFRMAIN.EXE	Hauptmodul zur Umschaltung zwischen allen anderen Modulen
GFRBDR.EXE	Modul zur Eingabe der Grenzen des Modellgebietes.
GFRZONE.EXE	Modul zur Eingabe der zonenweise verteilten Daten (z.B. hydraulische Durchlässigkeit, Grundwasserneubildung)
GFRPROF.EXE	Modul zur Darstellung von Standrohrspiegelhöhenprofilen in vertikalen Schnitten
GFRLINE.EXE	Modul zur Eingabe von Flüssen oder Dränagen
GFRWELL.EXE	Modul zur Eingabe von Brunnen
GFRWALL.EXE	Modul zur Eingabe von Schlitzwänden
GFRDSN.EXE	Modul zum Entwurf eines Finite-Elemente-Netzes (FE-Mesh Designer)
GFRMESH.EXE	Die vom Benutzer eingegebenen Daten werden von diesem Modul für den Netzgenerator (MESHGN.EXE) zusammengefaßt. Der Netzgenerator wird dann automatisch aufgerufen. Das damit generierte zweidimensionale FE-Netz wird anschließend auf dem Bildschirm dargestellt.
GFRAPLY.EXE	Dieses Modul baut aus dem erzeugten 2D-Netz zuerst ein dreidimensionales FE-Netz auf. Anschließend werden die vom Benutzer mit den obigen Modulen eingegebenen Modelldaten auf das 3D-FE-Netz übertragen. Damit ist der Datensatz zur Grundwassersimulation fertiggestellt.
GFRISO.EXE	Modul zur graphischen Darstellung von Isolinien aus Standrohrspiegelhöhen einer Schicht. Der Darstellungsbereich ist vom Benutzer frei definierbar.
GFRWBL.EXE GFRBLN.EXE	Module zur Berechung der Wasserbilanz des gesamten Modellgebietes und eines vom Benutzer definierten Teilgebietes
GFRSIM.EXE	Modul zur Berechung der dreidimensionalen Grundwasserströmung mit der Finite-Elemente-Methode (Simulationsprogramm)
GFRPATH.EXE	Modul zur Berechnung und Darstellung von Bahnlinien

MESHGN.EXE	Modul zur Generierung eines zweidimensionalen Finite-Elemente-Netzes (Netzgenerator)
GFRINI GFRLINE	Dateien zur Initialisierung der von GFR intern benutzten Vektoren
GFR.INF	Datei zur Speicherung des Modellnamens und Pfads
TMSRB.FON	Zeichensatz zur graphischen Repräsentation

7.3 Programmbeschreibung

In diesem Kapitel werden die Organisation und der Grundgedanke von GFR ausführlicher diskutiert. Abbildung 126 zeigt das prinzipielle Organisationsschema von GFR.

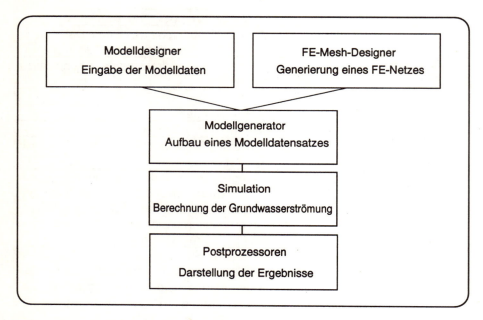

Abb. 126. Organisation von GFR

7.3.1 Eingabe der Modelldaten

In GFR werden die physikalischen Modelldaten vom Benutzer mit Hilfe des Modelldesigners (Abb. 127) unter Benutzung der Maus eingegeben. Die Modellobjekte können mit den Funktionen des Modelldesigners auf den Bildschirm (Modellarbeitsblatt) gebracht oder vom Bildschirm gelöscht werden. Zu den Modellobjekten zählen alle Komponenten eines Grundwassermodells, dies sind z.B. Oberflächengewässer, Dränagen, Brunnen, Schlitzwände, Randknoten des Modellgebiets und Zonen der flächenhaft verteilten physikalischen Daten (z.B.

GFR - 3D Finite-Elemente-Modell zur Grundwasserströmungsberechnung 167

Grundwasserneubildung, Durchlässigkeit). Im folgenden werden die einzelnen Teile der Abb. 127 erklärt:

- Das Modellarbeitsblatt ist ein Fenster, auf dem das Modellgebiet und die Modellobjekte dargestellt werden.
- Der Funktionsbereich zeigt die zur Verfügung stehenden Funktionen an. Um die Funktionen zu aktivieren, werden sie mit dem Mauszeiger angeklickt. Vorhanden sind:
  DEFINE: Eingabe eines Modellobjekts mit der Maus.
  ERASE: Löschen eines Modellobjekts mit der Maus. Um ein Modellobjekt zu löschen, klickt man mit dem Mauszeiger das betreffende Modellobjekt an.
  VALUE: Zuweisung eines physikalischen Werts zu einem Modellobjekt durch Anklicken des Modellobjekts mit dem Mauszeiger.
  RESET: Löschen aller Modellobjekte, die sich auf dem Modellarbeitsblatt befinden.
  ZOOM (DISPLAY): Detailliertere Darstellung eines kleinen Modellgebiets auf dem Bildschirm. Um das "Zoomfenster" zu definieren, klicken Sie eine Ecke des Zoomfensters an. Ziehen Sie dann die Maus zur gewünschten Stelle und klicken Sie noch einmal (Abb. 128).
  WHOLE (DISPLAY): Ausschalten des Zoom-Modus. Das gesamte Modellgebiet wird wieder auf dem Bildschirm dargestellt.
  SIZE (DISPLAY): Mit dieser Funktion können Sie die Größe des Modellarbeitsblatts definieren. Die vorgegebene Größe ist durch die Eckkoordinaten (0,0) und (2500, 2000) definiert (vgl. Abb. 127). Die Längeneinheit ist konsistent zu den Einheiten der anderen physikalischen Daten.
  EXIT: Durch Anklicken dieser Funktion verlassen Sie den Modelldesigner und kehren zum Hauptmenü zurück.
- Die untenstehenden Funktionen erscheinen nur, wenn sie erforderlich sind:
  LAYER COPY (ON/OFF): Ein- oder Ausschalten der LAYER-COPY-Funktion. Wenn die LAYER-COPY-Funktion eingeschaltet ist, werden die bearbeiteten Modellobjekte bzw. Daten von einer Schicht zu einer benachbarten Schicht kopiert, wenn die Funktionen "LAYER UP" bzw. "LAYER DOWN" benutzt werden.
  LAYER UP: Mit dieser Funktion werden die Modellobjekte bzw. Daten der aktuellen Schicht abgespeichert. Anschließend schaltet das Programm auf die darüber liegende Schicht um. Dabei werden die Modellobjekte bzw. Daten dieser Schicht automatisch geladen.

LAYER DOWN: Mit dieser Funktion werden die Modellobjekte bzw. Daten der aktuellen Schicht abgespeichert. Anschließend schaltet das Programm auf die darunterliegende Schicht um. Dabei werden die Modellobjekte bzw. Daten dieser Schicht automatisch geladen.
- Informationsbereich: Dieser Bereich enthält die Legenden.
- Statuszeile: Dieser Bereich enthält
Position des Mauszeigers in X- und Y-Koordinaten,
aktuelle Schichtnummer (bezogen auf Elementschichten),
Name des Modells und
Status der LAYER-COPY-Funktion (ON oder OFF).

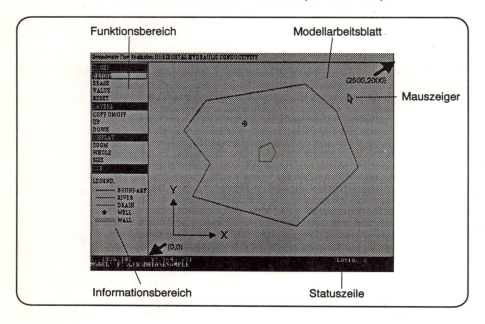

Abb. 127. Der Modelldesigner

Die vom Benutzer mit diesen Funktionen definierten Modellobjekte bzw. physikalischen Daten werden in der Modelldatenbank abgespeichert. Die Modelldatenbank ist in 2 Kategorien eingeteilt – Natur und Maßnahmen (Nature and Measures).

GFR - 3D Finite-Elemente-Modell zur Grundwasserströmungsberechnung

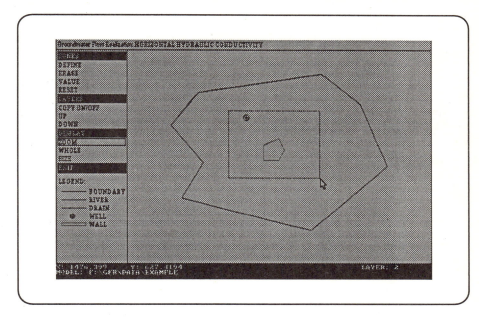

Abb. 128. Aufziehen eines Zoomfensters

Die Kategorie "Natur" enthält

- Anzahl der Schichten,
- Modellrand,
- Schichtgrenzen (Höhe der Oberkante und Sohle einer Schicht) [L],
- horizontale hydraulische Durchlässigkeit [L/t]
- vertikale hydraulische Durchlässigkeit [L/t],
- Festpotentialbereiche,
- Standrohrspiegelhöhen [L] (Startwerte für Iteration und Werte in Festpotentialbereichen),
- flächenhaft verteilte Grundwasserneubildung [L/t] und
- Oberflächengewässer.

Die Kategorie "Maßnahmen" enthält

- Brunnen (Entnahme oder Zugabe) [L^3/t],
- Dränagen,
- Abdeckungen (impervious cover),
- Dichtungssohlen (impervious bottom),
- flächenhaft verteilte Infiltrationen [1/L] (areal infiltration) und
- Schlitzwände (slurry wall).

Zur Eingabe oder Änderung der Daten in der Kategorie "Natur" oder "Maßnahmen" können Sie im Hauptmenü den entsprechenden Menüpunkt wählen (Abb. 129).

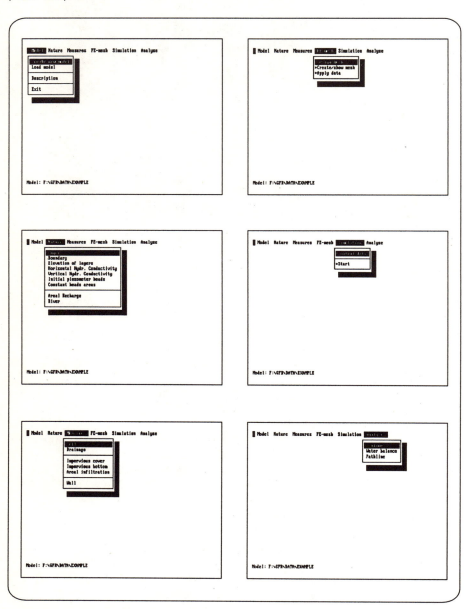

Abb. 129. Das GFR-Hauptmenü

7.3.2 Generieren eines FE-Modells

Um ein FE-Modell zu generieren, muß das Modellgebiet zuerst in Elemente eingeteilt werden. Dafür müssen genügend Knoten vorhanden sein. Einige Knoten sind in der Modelldatenbank durch Modellränder, Flüsse, Schlitzwände oder Brunnen vorgegeben. Diese Knoten reichen allerdings für den Aufbau eines angemessenen FE-Netzes nicht aus. Mit Hilfe des graphischen FE-Mesh-Designers können zusätzliche Knoten leicht definiert werden. Der *FE-Mesh-Designer* enthält einige nützliche Funktionen (Abb. 130):

- DEFINE: Diese Funktion setzt jeweils einen Knoten in das Modellgebiet durch Anklicken mit der Maus.
- ON CIRCLE: Diese Funktion setzt kreisförmig verteilte Knoten in das Modellgebiet ein, indem der Durchmesser des Kreises und die Anzahl der Knoten auf dem Kreis angegeben werden. Wenn die gewünschten Knoten eingegeben sind, drücken Sie die rechte Maustaste, um die Eingabe weiterer Knoten abzubrechen.
- IN ZONE: Mit dieser Funktion können Sie regelmäßig verteilte Knoten in das Modellgebiet einsetzen, indem Sie ein Fenster mit der Maus aufziehen und die Anzahl der Knoten in der horizontalen und vertikalen Richtung eingeben.
- ERASE: Knoten können gelöscht werden, indem Sie ein Fenster über den zu löschenden Knoten aufziehen. In diesem Fall werden die in der Modelldatenbank vorgegebenen Knoten (z.B. Schlitzwand, Brunnen) nicht gelöscht.
- RESET: Mit dieser Funktion können alle mit den obigen Funktionen definierten Knoten auf einmal gelöscht werden.
- DISTANCE: Der minimale Abstand zwischen den Knoten kann vorgegeben werden. Ein Knoten kann nicht gesetzt werden, wenn der Abstand zwischen diesem Knoten und den anderen kleiner als der minimale Abstand ist. Der Standardwert des minimalen Abstands beträgt 10 Längeneinheiten.

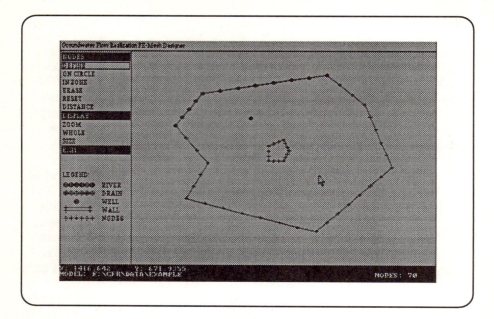

Abb. 130. Eingabe der Knoten mit dem FE-Mesh-Designer

Der FE-Mesh-Designer kann vom Hauptmenü (Abb. 129) aufgerufen werden, indem Sie den Menüpunkt "Design mesh" wählen. Nachdem die erwünschten Knoten eingesetzt wurden, wird der Netzgenerator aufgerufen, um ein FE-Netz zu generieren. Zum Starten des Netzgenerators wählen Sie den Menüpunkt "Create/Show mesh" im Hauptmenü. Ein zweidimensionales FE-Netz wird generiert.

Das zweidimensionale FE-Netz wird nur zur Diskretisierung des Modellgebietes in den horizontalen Richtungen benutzt. In der vertikalen Richtung wird der Aquifer in mehrere Schichten diskretisiert. Durch Übereinanderlegen von zweidimensionalen FE-Netzen entsteht ein *dreidimensionales FE-Netz*. Jede Modellschicht hat deshalb dieselbe horizontale Diskretisierung. Um die physikalischen Daten auf das 3D-FE-Netz zu übertragen, wählen Sie den Menüpunkt "APPLY DATA" vom Hauptmenü. Der für die Simulation der dreidimensionalen Grundwasserströmung benötigte Datensatz für Knoten und Elemente wird dann vom Modellgenerator durch Interpolation automatisch hergestellt.

7.3.3 Simulation der Grundwasserströmung

GFRSIM.EXE ist das Modul zur Berechnung der dreidimensionalen Grundwasserströmung mit Hilfe der FE-Methode. Der Aquifer ist in dreieckig-prismatische Elemente oder 8-Knoten-Quaderelemente diskretisiert (Abb. 131). Mit der Galerkin-Methode wird das Gleichungssystem für die Standrohrspiegelhöhen aufgebaut. Zur Lösung des Gleichungssystems wird die Methode der konjugierten

Gradienten mit Präkonditionierung (Preconditioned-Conjugate-Gradient PCG) eingesetzt. Der verwendete Programmcode stammt von BRAESS (1985). Mit der vorliegenden Version von GFR können nur stationäre Grundwasserströmungen in gespannten Aquiferen simuliert werden. In der Zukunft soll das Programm jedoch so erweitert werden, daß auch instationäre Grundwasserströmungen in einem ungespannten Aquifer simuliert werden können. Bevor das Simulationsprogramm gestartet werden kann, müssen noch Steuerparameter eingegeben werden. Diese betreffen die Abbruchkriterien für die iterative Gleichungslösung. Zur Eingabe der Parameter wählen Sie den Menüpunkt "Control data" im Hauptmenü. Die Parameter werden in einem Dialogfenster eingegeben. Anschließend kann die Simulation gestartet werden, indem der Menüpunkt "Start" im Hauptmenü gewählt wird.

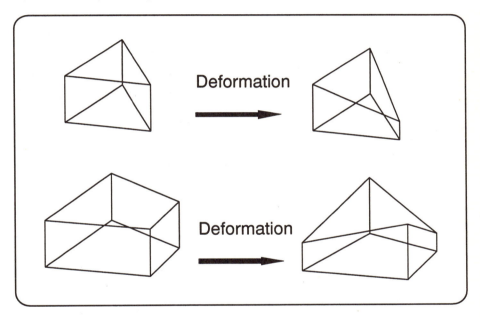

Abb. 131.   Dreieckig-prismatisches Element und 8-Knoten-Quaderelement

7.3.4   Analyse der Simulationsergebnisse

Zur Analyse der Simulationsergebnisse stehen z. Z. 3 Module zur Verfügung:

- ■   Isolinie: Die Isolinien der Standrohrspiegelhöhen des gesamten Modellgebiets oder eines vom Benutzer definierten Teilgebietes können schichtenweise auf dem Bildschirm dargestellt werden. Wahlweise kann die Grafik in den Formaten HPGL (Hewlett-Packard-Graphics-Language) oder DXF (Drawing eXchange File von AutoDesk) abgespeichert werden. Die Isolinien werden als Vektorgrafik abgespeichert. Eine solche Grafikdatei kann von den meisten CAD-Programmen (wie z.B. AutoCAD von AutoDesk) eingelesen und verarbeitet werden. Einige Zeichenprogramme, wie DrawPerfect von WordPerfect Inc., können ohne Einschränkung die DXF- und HPGL-Dateien einlesen und bearbeiten. Die Grafikdateien werden auch von einigen Textverarbeitungsprogrammen akzeptiert. Ein Nachteil dieser Grafikformate ist, daß die Datei einer komplizierten Grafik oft sehr groß ist.

- Wasserbilanz: Die Wasserbilanz des gesamten Modellgebiets oder eines Teilgebiets kann berechnet und in der Datei "*filename*.BUD" abgespeichert werden. Dabei kann das Teilgebiet vom Benutzer mit Hilfe einer graphischen Benutzeroberfläche ausgewählt werden.

- Bahnlinien: Startpunkte von Bahnlinien können im gesamten Modellgebiet definiert werden. Anschließend können, ausgehend von diesen Punkten, Bahnlinien berechnet und auf dem Bildschirm dargestellt werden. Wahlweise gibt es die Möglichkeit, die Bahnlinien im HPGL-Format abzuspeichern.

7.4 Beispielsitzung zur Benutzung von GFR

7.4.1 Beschreibung des Problems

Zur Demonstration von GFR wird das Beispiel des in Abb. 132 dargestellten Aquifers gewählt. Das Modellgebiet ist unregelmäßig berandet. Der Aquifer hat 2 Schichten, die beide gespannt sind. Im folgenden werden die Aquiferdaten beschrieben:

- Modellrand: Im Norden ist das Modellgebiet durch einen Fluß begrenzt. Die erste Knotenschicht des südöstlichen Modellrandes ist ein Festpotentialrand 40 m über NN. Es wird angenommen, daß sich an diesem Modellrand ein Fluß mit einem sehr großen Leakagefaktor befindet. Alle anderen Ränder sind als undurchlässig angenommen.

- Schichtenhöhen: Die Höhen der Oberkante der ersten Schicht sind in Abb. 132 dargestellt. Die Oberkante der zweiten Schicht, die gleichzeitig Sohle der ersten Schicht ist, liegt 30 m über NN, die Sohlhöhe der zweiten Schicht 20 m über NN.

- Hydraulische Durchlässigkeiten: Die Verteilung der horizontalen hydraulischen Durchlässigkeit in der ersten Schicht ist in Abb. 132 dargestellt. Die horizontale hydraulische Durchlässigkeit in der zweiten Schicht ist über das gesamte Gebiet konstant und hat einen Wert von 0,001 [m/s]. Die vertikale hydraulische Durchlässigkeit beträgt überall 0,0001 [m/s].

- Anfangsstandrohrspiegelhöhen für die Simulation: Die Anfangsstandrohrspiegelhöhen für die iterative Berechnung sind über das ganze Gebiet als konstant angenommen. Die Höhe beträgt 40 m über NN.
- Grundwasserneubildung: Die Grundwasserneubildung beträgt 5,0E-09 [m/s] und findet an der Oberfläche der ersten Schicht statt.
- Altlasten: Eine Altlast in Form einer Deponie befindet sich in der Mitte des Modellgebiets. Der Deponiekörper endet kurz über der Sohle der ersten Schicht.
- Entnahmebrunnen: Es ist ein Brunnen vorhanden. Er entnimmt Wasser aus der zweiten Knotenschicht. Die Entnahmerate beträgt 0,02 [m^3/s]. Das Wasser wird für die Trinkwasserversorgung verwendet. Dieser Brunnen muß daher vor einer Kontamination geschützt werden

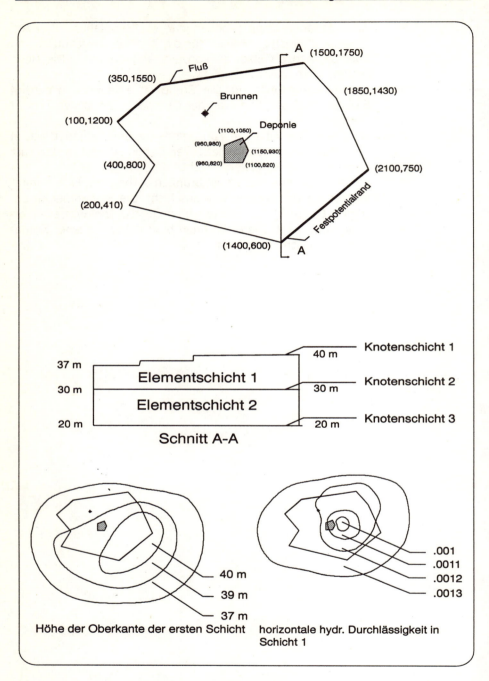

Abb. 132. Anfangs- und Randbedingungen des Beispiels

GFR - 3D Finite-Elemente-Modell zur Grundwasserströmungsberechnung 177

Zur Vermeidung von Bedienungsfehlern wird empfohlen, zuerst die Beispielsitzung durchzuarbeiten, bevor eigene Problemstellungen angegangen werden. Das allgemeine Vorgehen bei der Grundwassermodellierung mit GFR besteht aus den folgenden Schritten:

1. Eingabe der Modelldaten:
   Charakterisierung des Modellgebiets nach Aquifertyp und Modellgrenzen (vorgegebene Standrohrspiegelhöhen, Randzuflüsse, Randstromlinien etc.)
   Zonierung des Aquifers sowie Zuordnung der Aquifereigenschaften, z.B. Durchlässigkeitsverteilung, Grundwasserneubildung etc.
   Eingabe der Daten mit Hilfe der graphischen Benutzeroberfläche von GFR
2. Generierung eines FE-Modells:
   Entwurf des Aquifer-Diskretisierungsschemas mit Hilfe des FE-Mesh-Designers
   Generierung eines FE-Netzes (Netzgenerator)
   Übertragung der physikalischen Modelldaten ins FE-Netz (Modellgenerator)
3. Simulation der Grundwasserströmung:
   Eingabe der Steuerdaten für das Simulationsprogramm
   Durchführung der Strömungsberechnung – Aufruf des Simulationsprogramms GFRSIM. Ergebnis der Berechnung ist die Standrohrspiegelhöhenverteilung.
4. Analyse der Simulationsergebnisse:
   Darstellung der schichtweisen Standrohrspiegelhöhen als Isolinien
   Berechnung von Wasserbilanzen
   Berechnung und Darstellung von Bahnlinien
5. Eventuelle Modifikationen der Modelldaten und Wiederholung der Schritte 2-4

In diesem Beipiel werden die stationäre Standrohrspiegelhöhenverteilung, Bahnlinien und die Wasserbilanz für einen Teil sowie für das gesamte Gebiet berechnet.

7.4.2 Starten von GFR

Zum Starten des Programms schreiben Sie "GFR" auf der DOS-Ebene, und drücken Sie die <ENTER>-Taste. Startet das Programm nicht, so sind nicht alle erforderlichen Module im aktuellen Verzeichnis vorhanden. Überprüfen Sie in diesem Fall, ob die Installation richtig durchgeführt worden ist. Nach erfolgreichem Start erscheint auf dem Bildschirm das Titelbild (Abb. 133).

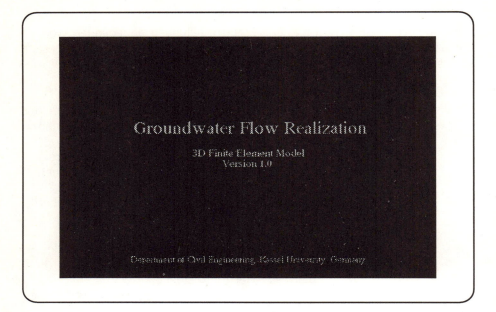

Abb. 133. Das Titelbild von GFR

Das Hauptmenü (Abb. 129) wird durch Betätigen einer beliebigen Taste aufgerufen. GFR verfügt über Pull-down Menüs. Zur Auswahl eines Menüpunkts drücken Sie die <Alt>-Taste und benutzen Sie die Pfeiltasten. Durch Anklicken des Menüpunkts mit der Maus kann ein Menüpunkt ebenfalls gewählt werden.

7.4.3   Eingabe der Modelldaten

Im ersten Schritt der Modellanwendung muß ein Modellname zum Abspeichern der Modelldaten eingegeben werden. Wählen Sie dazu den Menüpunkt "Create new model" (Abb. 134). Anschließend können Sie den Modellnamen in einem Dialogfenster eingeben. Als Modellname können alle unter MS-DOS gültigen Dateibezeichnungen verwendet werden. Der Modellname darf maximal 8 Zeichen lang sein. Beachten Sie, daß der Modellname hier *ohne* Suffix eingegeben werden muß.

Für unser Beispiel wird der Modellname EXAMPLE benutzt. Wenn Sie die Beispieldateien auf Ihrer Festplatte installiert haben, können Sie das Modell laden, indem Sie den Menüpunkt "Load Model" anwählen und anschließend den vollständigen Pfad und den Modellnamen in das Dialogfenster eingeben.

Sie können eine Beschreibung des Modells in einem Dialogfenster eingeben bzw. modifizieren, indem Sie den dritten Menüpunkt "Description" des Modellmenüs wählen.

GFR - 3D Finite-Elemente-Modell zur Grundwasserströmungsberechnung

Abb. 134. Das Modellmenü

Die physikalischen bzw. geotechnischen Daten können eingegeben werden, indem Sie den entsprechenden Menüpunkt der Kategorien Natur und Maßnahmen ("nature and measures") in Abb. 135 und 136 wählen. Die physikalischen Modelldaten im oberen Block der Kategorie "Natur" müssen vollständig eingegeben werden. Die anderen Datenoptionen können entsprechend der realen Situation wahlweise benutzt werden. Sind die Daten eines Menüpunkts eingegeben, so wird dieser Menüpunkt durch die Markierung "»" gekennzeichnet. Durch nochmaliges Anwählen eines gekennzeichneten Menüpunkts können dessen Daten modifiziert oder entfernt werden.

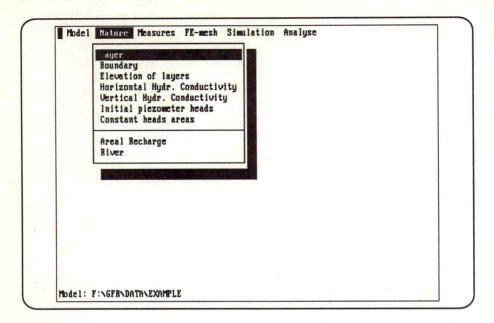

Abb. 135. Menü der Naturdaten

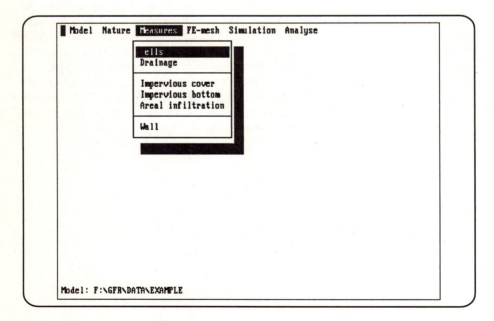

Abb. 136. Das Maßnahmenmenü

GFR - 3D Finite-Elemente-Modell zur Grundwasserströmungsberechnung 181

Im folgenden wird Schritt für Schritt erklärt, wie die im Abschn. 7.4.1 vorgegebenen physikalischen Daten mit Hilfe des Modell-Designers eingegeben werden können.

Anzahl der Modellschichten
Nachdem der Menüpunkt "Layer" gewählt ist, erscheint ein Dialogfenster auf dem Bildschirm. Die Anzahl der Elementschichten muß hier eingegeben werden. In unserem Beispiel wird eine "2" für 2 Schichten eingegeben. Die Anzahl der Schichten kann jederzeit unter diesem Menüpunkt geändert werden.

Modellrand
Zur Eingabe des Modellrands wählt man den Menüpunkt "Boundary". Für die Eingabe von Verbindungsknoten aktivieren Sie die "DEFINE"-Funktion. Ein Verbindungsknoten kann durch die Eingabe der Koordinaten oder durch ein Mausklicken definiert werden. Die Positionen des ersten und letzten Verbindungsknotens müssen identisch sein. Nachdem der erwünschte Modellrand vollständig eingegeben worden ist, können auf jeder Linie zwischen 2 Verbindungsknoten weitere Randknoten durch Aufteilung in Segmente definiert werden (Abb. 137). Nachdem Sie die Funktion "VALUE" aktiviert und einen Verbindungsknoten angeklickt haben, werden Sie von GFR aufgefordert, die Anzahl der Segmente jeder Randlinie einzugeben (Abb. 138). Alle so erzeugten, auf dem Rand liegenden Knoten werden vom Netzgenerator verwendet.

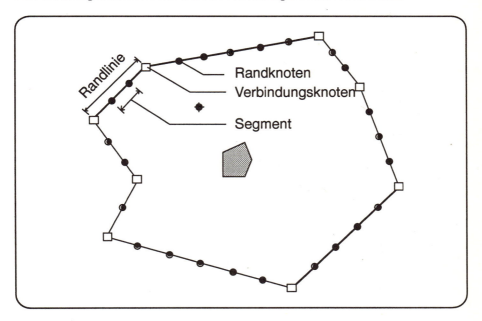

Abb. 137. Definition des Modellrands

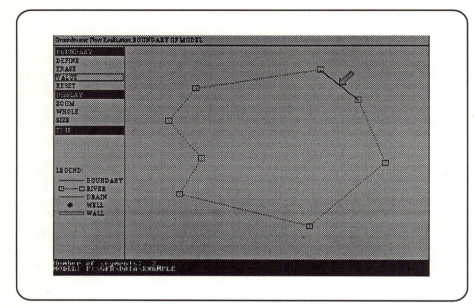

Abb. 138. Diskretisierung einer Randlinie

Flächenhaft verteilte Daten

Die Kategorie "Natur" enthält einige flächenhaft verteilte physikalische Daten. Dies sind

- die Höhen der Oberkante und Sohle der Schichten (elevation of layers),
- die horizontale hydraulische Durchlässigkeit (horizontal hydraulic conductivity),
- die vertikale hydraulische Durchlässigkeit (vertical hydraulic conductivity),
- die Anfangsstandrohrspiegelhöhen (starting value of piezometer heads) und
- Grundwasserneubildung (areal recharge).

Zur Eingabe der flächenhaft verteilten Daten wählen Sie einen entsprechenden Menüpunkt aus der Kategorie "Natur" (Abb. 135). In GFR werden die flächenhaft verteilten Daten zonenweise eingegeben (Abb. 139-141). Die zonenweise definierten Daten werden den Knoten oder Elementen des später generierten FE-Netzes zugeordnet.

Eine Zone wird, genau wie der Rand des Modellgebiets, mit der Funktion "DEFINE" festgelegt. Darüber hinaus können Zonen in Form von Konturen angeordnet werden (Abb. 140). In diesem Fall müssen die inneren Zonen zuerst definiert werden.

GFR - 3D Finite-Elemente-Modell zur Grundwasserströmungsberechnung

Die physikalischen Werte können den Zonen zugewiesen werden, indem Sie die Funktion "VALUE" aktivieren. Durch Anklicken einer Zone kann der Wert eingegeben werden. Ein Beispiel wird in Abb. 140 gezeigt. Hier wird den Zonen der ersten Schicht eine horizontale Durchlässigkeit zugewiesen. Der zweiten Zone von innen, begrenzt durch die durchgezogene Linie, wurde der Wert 0,0011 [m/s] zugewiesen. Für Schichten mit einem konstanten Wert reicht eine Zone aus, die das gesamte Modellgebiet umfaßt (z.B. Abb. 141).

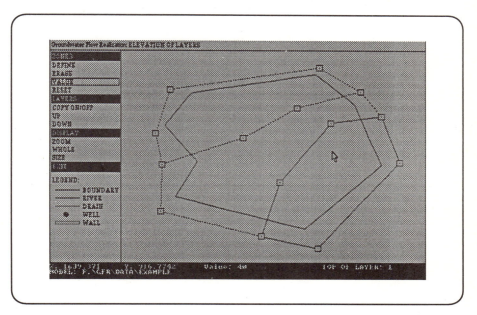

Abb. 139.   Eingabe der Daten für die Zonen

184   Berechnungsverfahren und Modelle

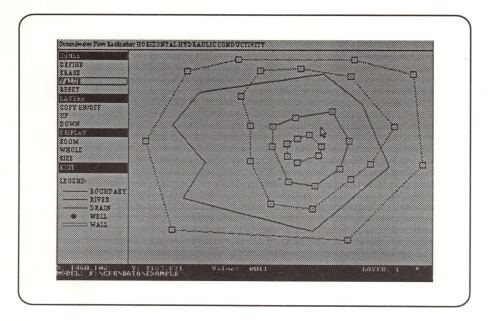

Abb. 140.   In Form von Konturen angeordnete Zonen

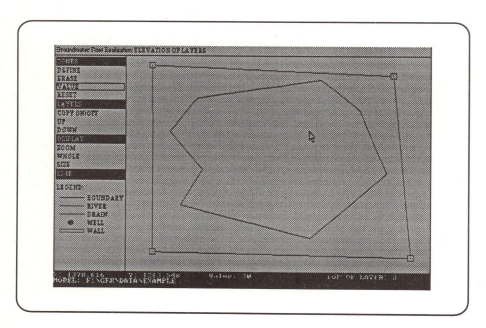

Abb. 141.   Eingabe eines konstanten Werts für das gesamte Modellgebiet

GFR - 3D Finite-Elemente-Modell zur Grundwasserströmungsberechnung

Festpotentialbereiche

Ein Festpotentialbereich wird durch eine Zone definiert. Abbildung 142 zeigt einen nach der Problemstellung definierten Festpotentialbereich (vgl. Abb. 132). Die Knoten eines später generierten FE-Netzes, die in einem Festpotentialbereich liegen, sind automatisch Festpotentialknoten. Die Standrohrspiegelhöhen dieser Knoten werden über den Menüpunkt "Initial piezometer heads" eingegeben und bei der Simulation konstant gehalten.

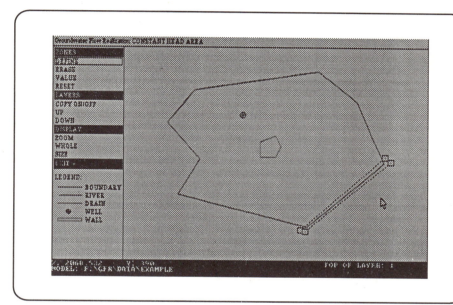

Abb. 142. Ein Festpotentialbereich

Flüsse

In numerischen Grundwassermodellen wird ein Fluß üblicherweise durch Leakageknoten (Flußknoten) simuliert. Die dazu benötigten physikalischen Daten sind:

- Leakagefaktor der Flußsohle (conductance of the riverbed),
- Höhen der Flußsohle (elevation of the riverbed) und
- Höhen des Wasserspiegels im Fluß (elevation of watertable in the river).

In GFR wird ein Flußsystem durch eine Reihe miteinander verbundener Abschnitte aufgebaut. Jeder Abschnitt wird in Segmente unterteilt (Abb. 143). Die physikalischen Daten werden nur in den Verbindungsknoten der Abschnitte eingegeben. Durch eine lineare Interpolation werden den übrigen Flußknoten

Daten zugeordnet. Bevor die physikalischen Daten eingegeben werden können, müssen die Verbindungsknoten bzw. Flußabschnitte definiert werden.

Zur Eingabe der Verbindungsknoten muß zuerst die Funktion "DEFINE" aktiviert werden. Ein Verbindungsknoten kann durch die Eingabe der Koordinaten oder durch Anklicken einer beliebigen Stelle innerhalb des Modellgebiets definiert werden (Abb. 144). Ein Flußsystem besteht aus Abschnitten in beliebiger Reihenfolge. Auch Verzweigungen und Schleifen sind erlaubt. Die Schleifen müssen allerdings vor anderen Abschnitten definiert werden. Wenn eine Reihe von erwünschten Abschnitten eingegeben worden ist, drücken Sie die rechte Maustaste, um die Eingabe weiterer Abschnitte abzubrechen.

Um die Eingabe der physikalischen Daten zu ermöglichen, klicken Sie die Funktion "VALUE" an. Anschließend ziehen Sie die Maus zu einem beliebigen Verbindungsknoten. Wenn der Mauszeiger auf einem Verbindungsknoten liegt, wird das gesamte Flußsystem in roter Farbe dargestellt. Drücken Sie die linke Maustaste und geben Sie die physikalischen Daten nach der Aufforderung des Programms ein. Für den Leakagefaktor (conductivity of riverbed [L/t]) wird die Durchlässigkeit pro Längeneinheit des Flusses eingegeben (üblicher Leakagefaktor multipliziert mit der Flußbreite). Dieser Faktor wird intern mit der zugehörigen Flußlänge multipliziert. Anschließend wird das Produkt (in [L^2/t]) den Flußknoten zugeordnet. Wenn nur ein einziger Verbindungsknoten als Leakageknoten definiert ist, werden Sie von GFR aufgefordert, einen Wert (in [L^2/t]) für "conductance of riverbed" einzugeben.

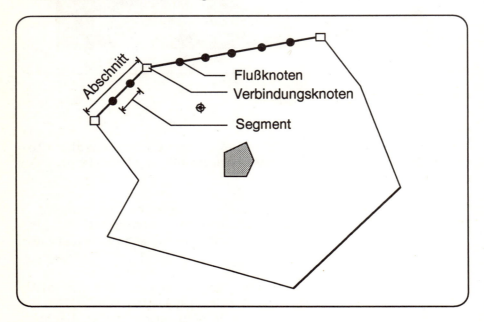

Abb. 143.   Definition eines Flußsystems

GFR - 3D Finite-Elemente-Modell zur Grundwasserströmungsberechnung

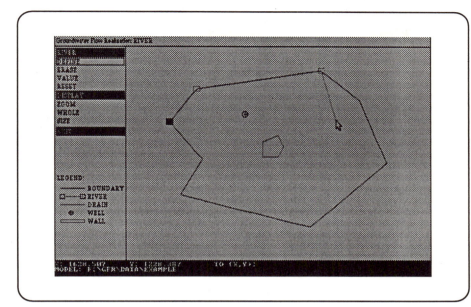

Abb. 144.   Eingabe eines Flußsystems

Brunnen
Da in der FE-Methode die Brunnen durch Zugabe- bzw. Entnahmeknoten interpretiert werden, müssen die Brunnen in Knotenschichten positioniert werden. Da die Schichtnummer in der Statuszeile immer auf die Elementschichten bezogen ist, wird hier zur Orientierung "TOP OF LAYER: n" bis "BOTTOM OF LAYER: n" verwendet (Abb. 145).

Zur Eingabe der Brunnen muß zuerst die Funktion "DEFINE" aktiviert werden. Ein Brunnen kann durch die Eingabe der Koordinaten oder durch Anklicken einer beliebigen Stelle innerhalb des Modellgebietes definiert werden. Um die Eingabe der Zugabe- bzw. Entnahmerate zu ermöglichen, klicken Sie die Funktion "VALUE" an. Anschließend ziehen Sie die Maus zu einem Brunnen, drücken die linke Maustaste und geben die Daten nach der Aufforderung "Recharge/discharge (+/-)" (Zugabe-/Entnahmerate) ein (Abb. 145).

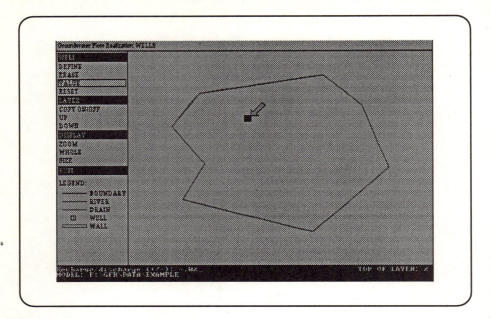

Abb. 145. Eingabe eines Brunnens

Schlitzwand (Slurry wall)
Um die Ausbreitung des Schadstoffs zu verhindern bzw. zu vermindern, ist eine Schlitzwand um die Altlast denkbar. Wie bei der Definition eines Flusses, wird eine Schlitzwand ebenfalls durch eine Reihe von miteinander verbundenen Abschnitten aufgebaut. Jeder Abschnitt wird in Segmente aufgeteilt.

Zur Eingabe der Verbindungsknoten muß zuerst die Funktion "DEFINE" aktiviert werden. Ein Verbindungsknoten kann durch die Eingabe der Koordinaten oder durch Anklicken einer beliebigen Stelle innerhalb des Modellgebiets definiert werden. Eine Schlitzwand kann geöffnet oder geschlossen sein. Sie darf jedoch keine Verzweigung aufweisen (Abb. 146). Wenn eine Reihe von Abschnitten eingegeben worden ist, drücken Sie die rechte Maustaste, um die Eingabe weiterer Abschnitte abzubrechen. Eine Schlitzwand ist geschlossen, wenn die Positionen des ersten und letzten Verbindungsknotens identisch sind.

Um die Eingabe der physikalischen Daten zu ermöglichen, klicken Sie die Funktion "VALUE" an. Anschließend ziehen Sie die Maus zu einem beliebigen Verbindungsknoten. Wenn der Mauszeiger auf einem Verbindungsknoten liegt, wird die gesamte Schlitzwand in roter Farbe dargestellt. Drücken Sie die linke Maustaste und geben Sie die physikalischen Daten nach der Aufforderung des Programms ein.

Folgende Daten werden von GFR benötigt:

- Tiefe: Die vertikale Erstreckung einer Schlitzwand wird durch die Schichten eingegeben, die von der Schlitzwand durchteuft werden. Die obere und untere Grenze eines Abschnitts werden in der Form "from layer:" und "to layer:" abgefragt (Abb. 147).
- Hydraulische Durchlässigkeit der Schlitzwand [L^2/t] (hydraulic conductivity)
- Dicke (thickness) eines Wandabschnitts
- Anzahl der Segmente (number of segments), in die ein Wandabschnitt aufgeteilt wird

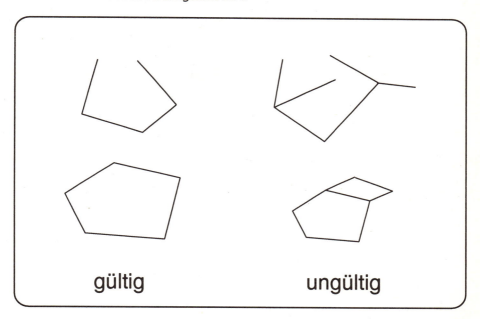

Abb. 146.   Gültige und ungültige Eingabe einer Schlitzwand

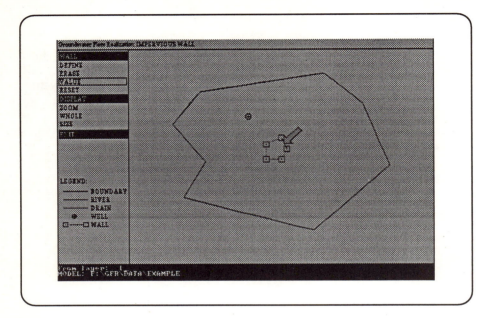

Abb. 147.   Eingabe der physikalischen Daten für eine Schlitzwand

7.4.4   Generierung eines FE-Modells

Die Generierung eines FE-Modells erfolgt in 3 Schritten:
- Entwurf eines FE-Netzes,
- Generierung eines 2D-FE-Netzes,
- Aufbau eines 3D-FE-Netzes und Übertragung der vorgegebenen physikalischen Daten auf das Netz.

Entwurf eines FE-Netzes

Einige Knoten sind bereits von den Modellrändern, von der Schlitzwand, von Oberflächengewässern oder durch Brunnen vorgegeben. Diese Knoten reichen allerdings nicht für die Diskretisierung eines angemessenen FE-Netzes aus. Um die Eingabe zusätzlicher Knoten zu erleichtern, wurde das graphische Hilfsmodul "FE-Mesh-Designer" entwickelt. Die verfügbaren Funktionen sind im Abschn. 7.3.2 erklärt.

Zum Starten des FE-Mesh-Designers wählen Sie den Menüpunkt "Design mesh" des "FE-mesh"-Menüs (Abb. 148). Die vorgegebenen Knoten (Modellränder etc.) werden vom FE-Mesh-Designer automatisch eingelesen und auf dem Bildschirm dargestellt. Abbildung 149 zeigt das Modellgebiet, die vorgegebenen Knoten und die vom Benutzer mit Hilfe der Eingabefunktionen definierten Knoten. Diese Knoten werden für die Generierung eines zweidimensionalen FE-Netzes benutzt.

GFR - 3D Finite-Elemente-Modell zur Grundwasserströmungsberechnung

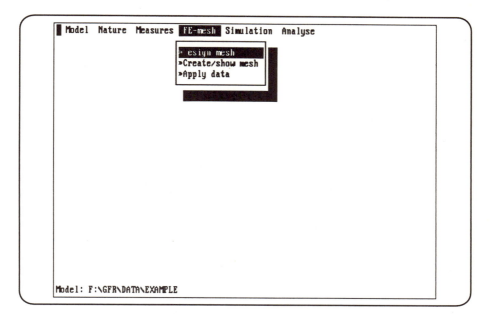

Abb. 148.   Das "FE-mesh"-Menü

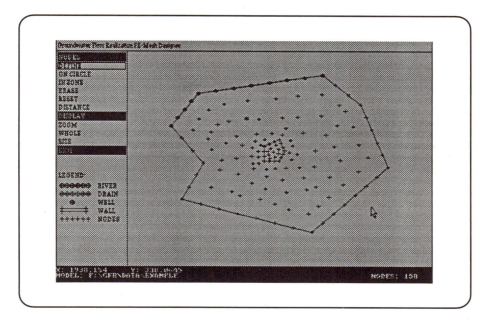

Abb. 149.   Der FE-Mesh-Designer

Generierung des 2D-FE-Netzes

Zur Generierung des FE-Netzes wird der Netzgenerator aufgerufen. Wählen Sie dazu den Menüpunkt "Create/Show mesh". Nachdem die Netzgenerierung abgeschlossen ist, wird das generierte zweidimensionale FE-Netz auf dem Bildschirm dargestellt. Sie können das FE-Netz genauer betrachten, indem Sie die eingebaute "Zoom"-Funktion benutzen. Sie können ein Zoomfenster durch Anklicken mit der Maus aufziehen. Abbildung 150 zeigt das generierte FE-Netz und ein Zoomfenster. Die vergrößerte Ansicht des Zoomfensters ist in Abb. 151 dargestellt. Durch Drücken der rechten Maustaste wird wieder das gesamte Netz dargestellt. Um den Netzgenerator zu verlassen, klicken Sie "EXIT" an.

Aufbau des 3D-FE-Netzes und Übertragung der Daten auf das Netz

Nach dem Aufbau eines dreidimensionalen FE-Netzes erfolgt die Übertragung der physikalischen Daten auf dieses Netz. Wählen Sie dazu den Menüpunkt "APPLY DATA". Alle notwendigen Berechnungen erfolgen automatisch.

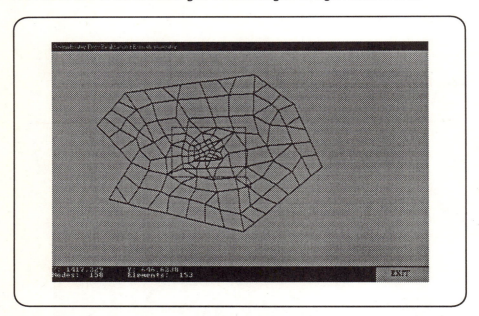

Abb. 150.   Generiertes FE-Netz und das Zoomfenster

GFR - 3D Finite-Elemente-Modell zur Grundwasserströmungsberechnung

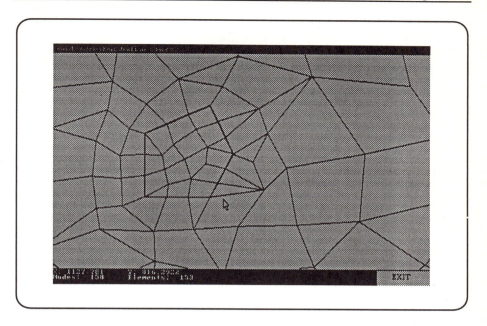

Abb. 151. Vergrößerte Ansicht des Zoomfensters

7.4.5 Durchführung der Strömungsberechnung

Um die Simulation der Grundwasserströmung durchführen zu können, müssen zuerst einige Steuerdaten des Simulationsprogramms eingegeben werden. Wählen Sie aus dem Hauptmenü den Menüpunkt "Control data" (Abb. 152) und geben Sie die Daten in einem Dialogfenster ein. Es müssen die maximal erlaubte Anzahl der Iterationen und die Abbruchschranke für die Iterationen spezifiziert werden. Nachdem die Steuerdaten eingegeben worden sind, können Sie die Berechnung starten. Wählen Sie dazu den Menüpunkt "Start". Das Simulationsmodul GFRSIM.EXE wird aufgerufen und die Strömungsberechnung wird automatisch durchgeführt. Die Ergebnisse werden auf der Festplatte abgespeichert. Die Datenformate der Ein- und Ausgabedateien sind in Kap. 7.6 aufgelistet.

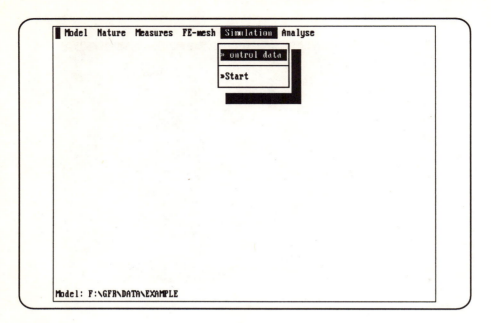

Abb. 152. Menü zum Starten der Simulation

7.4.6 Analyse der Simulationsergebnisse

7.4.6.1 Isolinien aus den Standrohrspiegelhöhen
Zur Darstellung der Isolinien wählen Sie den Menüpunkt "Isoline" aus dem Analysemenü (Abb. 153). Das Modul GFRISO wird gestartet.

GFR - 3D Finite-Elemente-Modell zur Grundwasserströmungsberechnung 195

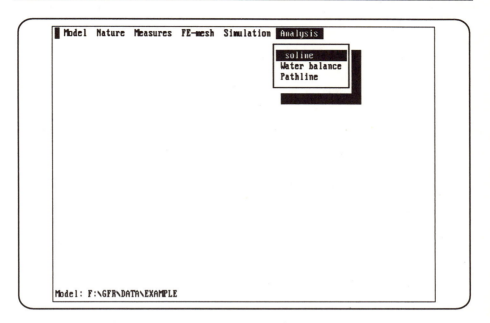

Abb. 153. Das Analysemenü

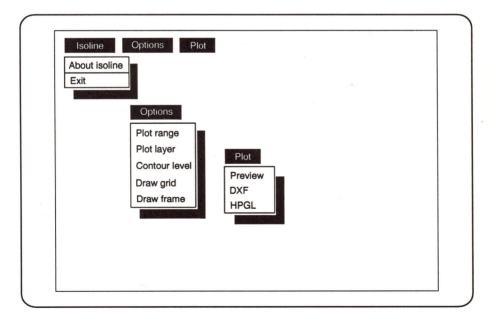

Abb. 154. Menü des Moduls GFRISO

Abbildung 154 zeigt die Menüs des Moduls GFRISO. Im folgenden werden die Menüpunkte erklärt:

- Darstellungsbereich (Plot range): Der Darstellungsbereich für die Isolinien ist durch ein Darstellungsfenster definiert (Abb. 155). Die Standardeinstellung des Darstellungsbereiches ist das gesamte Modellarbeitsblatt (s. Abschn. 7.3.1 für die Definition der Größe des Modellarbeitsblattes). Die Benutzung des Darstellungsfensters erfolgt analog der des Zoomfensters (s. Abschn. 7.4.4: Generierung des 2D-FE-Netzes).
- Darstellungsschicht (Plot layer): Durch Anwählen dieses Menüpunkts können Sie die Trennfläche, für die die Isolinien dargestellt werden sollen, bestimmen. Da die Standrohrspiegelhöhen in Knoten ausgerechnet werden, lassen sich Höhen für jede Trennfläche zwischen zwei Schichten ausgeben.
- Höheninkremente (Contour level): Durch Anwählen dieses Menüpunkts können Sie die Höheninkremente und das Maximum und Minimum der dargestellten Isolinien bestimmen.
- Ausgabe des Netzgitters (Draw grid): Durch Anwählen dieses Menüpunkts kann die Ausgabe des FE-Netzgitters ein- oder ausgeschaltet werden. Die Ausgabeoption ist eingeschaltet, wenn dieser Menüpunkt durch ein "»" gekennzeichnet ist.
- Ausgabe des Bildrahmens (Draw frame): Durch Anwählen dieses Menüpunkts kann die Ausgabe des Bildrahmens ein- oder ausgeschaltet werden. Die Ausgabeoption ist eingeschaltet, wenn dieser Menüpunkt durch ein "»" gekennzeichnet ist.
- Grafikvorschau (Preview): Die Isolinien werden auf dem Bildschirm dargestellt, wenn Sie diesen Menüpunkt wählen.
- DXF: Sie können die Grafik im DXF-Format (Drawing eXchange File von AutoCAD) abspeichern. Der Skalierungsfaktor des Bildes kann beliebig gewählt werden. Die gesamte Ausgabe kann durch Eingabe der Verschiebung (displacement) an eine beliebige Stelle geschoben werden.
- HPGL: Sie können die Grafik in HPGL-Format (Hewlett-Packard-Graphics-Language) abspeichern. Der Maßstab des Bilds kann beliebig gewählt werden. Der Standardwert für den Maßstab ist so gewählt, daß die Grafik auf ein DIN-A4-Papierformat paßt.

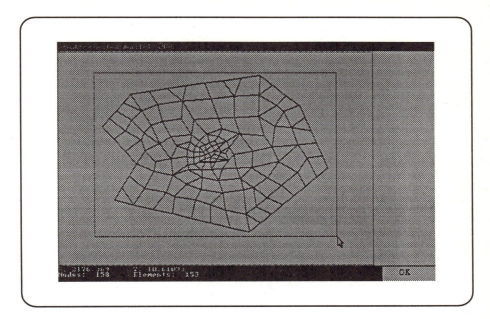

Abb. 155. Eingabe des Darstellungsbereichs

Zur Demonstration der Anwendungsmöglichkeit von Isolinien werden 2 Varianten für unser Beispiel berechnet:

- Variante 1: Die Schlitzwand ist nur in der ersten Schicht eingebaut
- Variante 2: Die Schlitzwand erstreckt sich von der Oberkante der ersten Schicht bis zur Sohle der zweiten Schicht

Da die Schlitzwand in der ersten Variante nicht mit einer Dichtungssohle oder einer undurchlässigen Schicht verbunden ist, ist die Deponie praktisch nicht eingeschlossen. Das Grundwasser fließt nahezu unbeeinflußt von der Schlitzwand durch den Deponiekörper. Abbildung 156 zeigt die Isolinien, die auf ein solches Strömungsverhalten hinweisen. Dagegen ist in Abb. 157 zu sehen, daß in der zweiten Variante die Altlast umströmt wird.

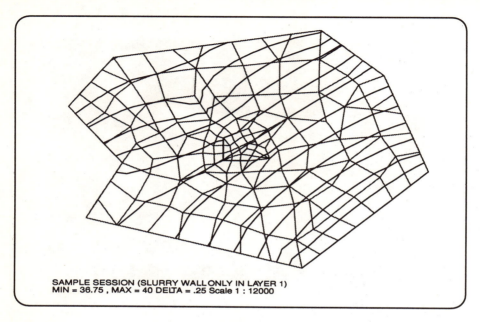

Abb. 156. Isolinien der Standrohrspiegelhöhen in der Oberkante der ersten Schicht (Variante 1)

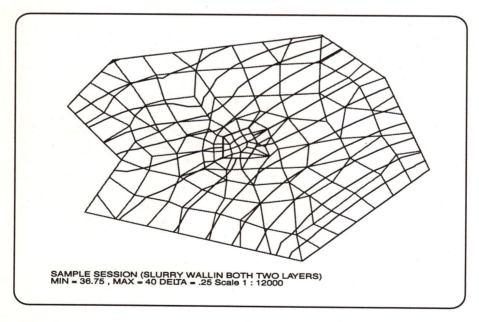

Abb. 157. Isolinien der Standrohrspiegelhöhen in der Oberkante der ersten Schicht (Variante 2)

7.4.6.2 Bahnlinien

Zur Darstellung von Bahnlinien wählen Sie den Menüpunkt "Pathline" aus dem Menü "Analyse" (Abb. 153). Das Modul GFRPATH wird gestartet. In GFRPATH können Bahnlinien mit Hilfe des Bahnlinien-Designers konstruiert werden (Abb. 158).

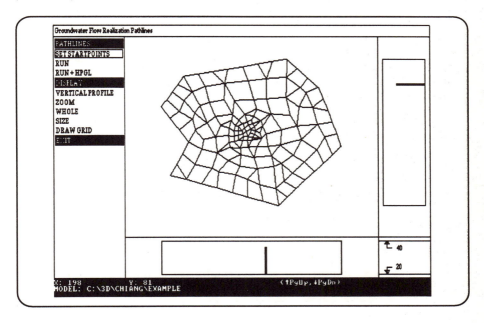

Abb. 158. Der Bahnlinien-Designer

Neben dem Grundriß des Modellgebiets werden 2 Schnitte gezeigt. Da die Mächtigkeit der Schichten im Gebiet variieren kann, wird die vertikale Struktur nur an der Position des Mauszeigers in Form eines Bohrkerns dargestellt. Die abwechselnden Farben, dunkel- und hellgrün, entsprechen dabei unterschiedlichen Schichten. Die vertikale Position des Mauszeigers wird in den Schnitten als dunkler Punkt im Bohrkern wiedergegeben. Sie kann mit Hilfe der <PageUp>/<PageDown>-Tasten in Zehntelschritten der Schichtdicke nach oben oder unten verschoben werden. Die Anfangsposition des Mauszeigers ist im obersten Zehntel der obersten Schicht.

Im Funktionenbereich können 9 Funktionen angewählt werden, von denen vier neu sind:

- ■ SET STARTPOINTS (PATHLINES) erlaubt dem Benutzer die Festlegung von Bahnlinienstartpunkten in 3 Dimensionen mit Hilfe der Maus und der <PageUp>/<PageDown>-Tasten.

- RUN (PATHLINES) zeichnet Bahnlinien von allen Startpunkten. Für die Berechnung der wasserbilanzerhaltenden Bahnlinien nach der Methode von CORDES u. KINZELBACH (1992) werden die Wasserbilanzflüsse aus dem Binärfile *Filename*.Q28 benötigt. In *Filename*.Q28 sind 28 kontinuierliche Flüsse über die Seiten von 8 Teilelementen pro finitem Element (in jeder Ecke eines) gespeichert. Die Flüsse werden allein aus den vorliegenden Höhen an Knoten unter Berücksichtigung der in der Strömungsberechnung ermittelten Knotenwasserbilanzen bestimmt. Im Gegensatz zur herkömmlichen Berechnung der Bahnlinien durch "particle tracking" entlang von Höhengradienten führt die hier verwendete Methode auch in dreidimensionalen finiten Elementen zu akzeptablen Ergebnissen. Sie ist allerdings nicht immer robust. So können Bahnlinien unphysikalisch gekrümmt sein und in einigen Fällen, aufgrund numeischer Ungenauigkeit, auch an Punkten ohne Wasserentnahme enden. Die maximale Anzahl der Elemente, die im Grundriß an einem Knoten anliegen, ist auf neun begrenzt. Außerdem darf eine Schicht nur an einzelnen, nicht benachbarten Knoten die Mächtigkeit null aufweisen. Die Bahnlinien erfüllen immer die Kontinuitätsbedingung, d.h. sie führen zu eindeutigen Einzugsbereichen von Entnahmen.
  Nach jeder neuen Strömungsberechnung mit GFRSIM wird beim Aufrufen der RUN-Funktion zuerst eine aktuelle Datei *Filename*.Q28 erzeugt, erst danach werden Bahnlinien gezeichnet. Bahnlinien werden, genau wie der Bohrkern, je nach Schicht, in der sich die Bahn befindet, in hell- oder dunkelgrün dargestellt.
- RUN + HPGL (PATHLINES) speichert die gezeichneten Bahnlinien zusätzlich als HPGL-File *Filename*.PGL ab. Je nach Schicht werden die Bahnlinien mit Stift 2 oder Stift 3, der Rest (Gebietsrand, Netz usw.) mit Stift 1 gezeichnet. Einige der verwendeten HPGL-Befehle werden nicht von allen Zeichen- oder Textverarbeitungsprogrammen verstanden.

Die Abb. 159 und 160 zeigen die Ergebnisse der Bahnlinienberechnung für die Varianten 1 und 2.

GFR - 3D Finite-Elemente-Modell zur Grundwasserströmungsberechnung

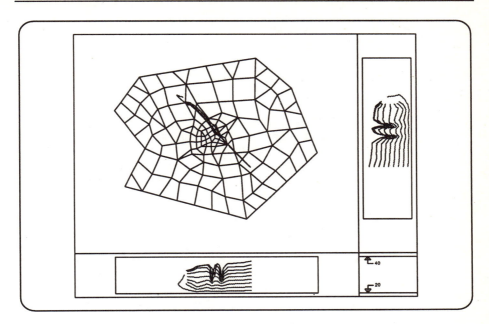

Abb. 159. Bahnlinien für den Fall einer Umschließung nur in der oberen Schicht (Variante 1)

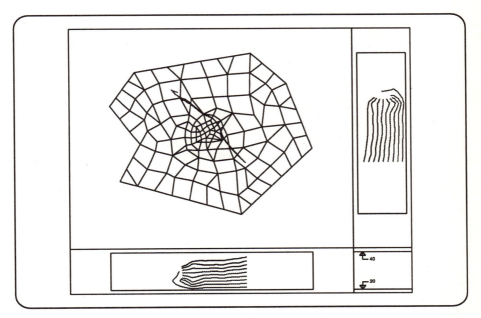

Abb. 160. An denselben Startpunkten gestartete Bahnlinien für den Fall einer Umschließung in beiden Schichten (Variante 2)

7.4.6.3 Berechnung der Wasserbilanz

Zur Berechnung der Wasserbilanz wählen Sie den Menüpunkt "Water balance" (Abb. 153). Das Modul für die Berechnung der Wasserbilanz wird gestartet. Abbildung 161 zeigt die Menüs des Moduls. Im folgenden werden die Menüpunkte erklärt:

- Wahl eines Teilgebiets (Select area): In GFR kann die Wasserbilanz für das gesamte Modellgebiet und ein Teilgebiet berechnet werden. Das Teilgebiet wird vom Benutzer mit Hilfe der graphischen Benutzeroberfläche ausgewählt (Abb. 162). Mit der aktivierten Funktion "SELECT/UNSELECT" können Sie durch Anklicken mit der Maus das Teilgebiet elementweise auswählen. Mit der aktivierten Funktion "GROUP" können Sie eine Gruppe von Elementen auswählen, indem Sie mit der Maus ein Fenster über den Elementen aufziehen.
- Berechung (Compute balance): Zum Starten der Wasserbilanzberechnung wählen Sie diesen Menüpunkt. Das Ergebnis wird sowohl auf dem Bildschirm gezeigt als auch in der Datei "*filename*.BUD" abgespeichert (Abb. 163). Die prozentuale Abweichung (percent discrepancy) weist auf die Genauigkeit des Simulationsergebnisses hin.

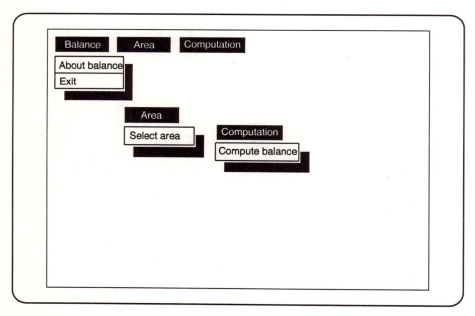

Abb. 161. Menü des Wasserbilanzmoduls

GFR - 3D Finite-Elemente-Modell zur Grundwasserströmungsberechnung

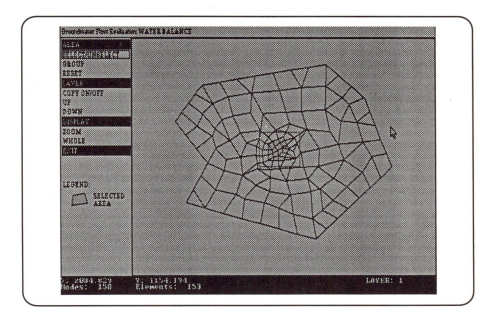

Abb. 162. Gebiet, über das die Wasserbilanz berechnet wird

Abb. 163. Wasserbilanz

7.5 Beschränkungen von GFR

In diesem Kapitel werden die Beschränkungen der Module aufgelistet:

- Modell-Designer:
  Anzahl der Elementschichten = 10
  Anzahl der Zonen in einer Schicht = 20
  Anzahl der Randlinien = 100
  Anzahl der Schlitzwände = 20
  Anzahl der Flußsysteme = 20
  Anzahl der Dränagesysteme = 20
  Anzahl der Verbindungsknoten einer Zone = 40
  Anzahl der Verbindungsknoten einer Schlitzwand = 40
  Anzahl der Verbindungsknoten eines Flußsystems = 40
  Anzahl der Verbindungsknoten eines Dränagesystems = 40
  Anzahl der Randknoten = 500
  Anzahl der Flußknoten = 300
  Anzahl der Dränageknoten = 300
  Anzahl der Brunnen = 300

- Netzgenerator und Strömungsberechnung:
  Anzahl der Knoten in einer Schicht = 3000
  Anzahl der Elemente in einer Schicht = 3000
  Anzahl der Flußknoten = 300
  Anzahl der Dränageknoten = 300
  Anzahl der Brunnen = 300
  Anzahl der Knoten im Modell = 5000[*]
  Anzahl der Elemente im Modell = 5000[*]
  [*] Die Maximalwerte der Knoten- und Elementeanzahl sind so dimensioniert, daß das Modul auf einem Rechner mit Prozessoren 80386/387 oder 80486DX und 4 Megabyte RAM lauffähig ist.

- Module für Isolinien, Wasserbilanz und Bahnlinien:
  Anzahl der Knoten in einer Schicht = 3000
  Anzahl der Elemente in einer Schicht = 3000
  Anzahl der Knoten im Modell = 5000
  Anzahl der Knoten im Modell = 5000
  Anzahl der Bahnlinienstartpunkte = 1000

7.6 Beschreibung der Dateien

Im folgenden werden die Formate der Ein- und Ausgabedateien des Simulationsprogramms GFRSIM.EXE aufgelistet:

filename.SIM (Haupteingabedatei)
Title
    Beschreibung des Modells

KPRT
    Output flag
    Koordinaten und Inzidenzmatrix werden ausgegeben, wenn KPRT = 1
    sonst: KPRT = 0

NLAY, NE, NN
    NLAY = Anzahl der Elementschichten
    NE = Anzahl der Elemente im Modell
    NN = Anzahl der Knoten im Modell

NNR, X(NNR), Y(NNR), Z(NNR), IC(NNR), FC(NNR), FB(NNR)
    Diese Zeile wird NN-mal wiederholt
    NNR = globale Knotennummer
    X(NNR), Y(NNR), Z(NNR) = Koordinaten des Knotens NNR
    IC(NNR) = Randbedingung des Knotens NNR
        Festpotential: IC(NNR)=1
        sonst IC(NNR)=0
    FC(NNR) = Anfangsstandrohrspiegelhöhe des Knotens NNR
    FB(NNR) = Grundwasserneubildung des Knotens [L^3/t]

LAYER, NR, IN(NR,1),..., IN(NR,8), CX(NR), CY(NR), CZ(NR)
    Diese Zeile wird NE-mal wiederholt
    LAYER = Schichtnummer
    NR = Elementnummer
    IN(NR,1),..., IN(NR,8) = Inzidenzmatrix
    CX(NR) = horizontale hydraulische Durchlässigkeit des Elementes NR [L/t]
    CY(NR) = CX(NR)
    CZ(NR) = vertikale hydraulische Durchlässigkeit des Elementes NR [L/t]

filename.DWL (Brunnen)
NRW
> NRW = Anzahl der Brunnen

XW, YW, ZW, QW
> Diese Zeile wird NRW-mal wiederholt
> XW, YW, ZW = Koordinaten eines Brunnens
> QW = Zugabe-/Entnahmerate eines Brunnens (+/- [L^3/t])

filename.RDT (Fluß)
NRNODE
> NRNODE = Anzahl der Flußknoten

XR, YR, ZR, HR, CR
> Diese Zeile wird NRNODE-mal wiederholt
> XR, YR = Koordinaten eines Flußknotens
> ZR = Höhe der Flußsohle [L]
> HR = Wasserspiegelhöhe im Fluß [L]
> CR = Leakagefaktor der Flußsohle [L^2/t]

filename.DDT (Dränage)
NDNODE
> NDNODE = Anzahl der Dränageknoten

XD, YD, ZD, CD
> Diese Zeile wird NDNODE-mal wiederholt
> XD, YD = Koordinaten eines Dränageknotens
> ZD = Höhe der Dränage
> CD = Leakagefaktor der Dränage [L^2/t]

filename.SC (Steuerungsparameter für die Simulation)
IOTER
> IOTER = Anzahl der äußeren Iterationen

MAXITER
> MAXITER = Maximale Anzahl der inneren Iterationen

GENAU
> GENAU = Konvergenzkriterium

Literatur

ABRAMOWITZ M, STEGUN I A (1972) Handbook of mathematical functions. Dover Publications, New York

AKIN H, SIEMES H. (1988) Praktische Geostatistik – Eine Einführung für den Bergbau und die Geowissenschaften. Springer, Berlin Heidelberg New York Tokyo

BATHE K J (1982) Finite element procedures in engineering analysis. Prentice Hall, Englewood Cliffs

BEAR J (1972) Dynamics of fluids in porous media, Environmental Science Series. Elsevier, New York

BEAR J, JACOBS M (1965) On the movement of waterbodies injected into aquifers. J Hydrol **3**: 37-57

BEIMS U (1983) Planung, Durchführung und Auswertung von Gütepumpversuchen. Z Angew Geol **29** (10): 482-490

BRAESS D (1985) PCG-Löser mit Präkonditionierung, Software der Universität Bochum

BRIGGS G G (1981) Theoretical and experimental relationship between soil adsorption, octanol/water partition coefficients, water solubilities, bioconcentration factors, and the parachor. J Agric Food Chem **29**: 1050-1059

BUSCH K F, LUCKNER L, THIEMER K (1993) Geohydraulik (3. Aufl), Berlin

CASTANY G (1967) Traité pratique des eaux souterraines (2e éd). Dunod, Paris

CONCAWE (1974) Inland oil spill clean up manual. Concawe Report 4/74, Den Haag

CONCAWE (1979) Protection of groundwater from oil pollution. Concawe Report 3/79, Den Haag

CORDES C, KINZELBACH W (1992) Continuous groundwater velocity fields and path lines in linear, bilinear, and trilinear finite elements. Water Resour Res **28** (11): 2903-2911

CSANADY G T (1973) Turbulent diffusion in the environment. Reidel, Dordrecht

DE MARSILY G (1986) Quantitative hydrogeology. Academic Press, New York

Deutscher Verein des Gas- und Wasserfaches (DVGW) (1981) Halogenkohlenwasserstoffe in Grundwässern, Kolloquium d. DVGW-Fachausschusses „Oberflächenwasser", 21.9.81, Karlsruhe. DVGW-Schriftenreihe Wasser **29**: 71-77, ZVGW-Verlag GmbH, Frankfurt/M

Deutscher Verband für Wasserwirtschaft und Kulturbau (DVWK) (1985) Voraussetzungen und Einschränkungen bei der Modellierung der Grundwasserströmung. DVWK-Merkblätter zur Wasserwirtschaft **206**. Parey, Hamburg Berlin

DUPUIT J (1863) Etudes théoriques et pratiques sur le mouvement des eaux dans le canaux découverts et à travers les terrains permeables (2e éd). Dunod, Paris

FREEZE R A, CHERRY J A (1979) Groundwater. Prentice Hall, Englewood Cliffs

GELHAR L W, AXNESS C L (1983) Three-dimensional stochastic analysis of macrodispersion in aquifers. Water Resour Res **19**(1): 161-180

GELHAR L W, MANTOGLOU A, WELTY C S, ROHFELDT K R (1985) A review of field scale physical solute transport processes in saturated and unsaturated porous media. Electric Power Research Institute, Report EPRI EA-4190, Palo Alto, CA

HERR M (1986) Grundlagen der hydraulischen Sanierung verunreinigter Porengrundwasserleiter. Eigenverl Inst Wasserbau Univ Stuttgart **63**

HUTZLER N J, MURPHY B E, GIERKE J S (1988) State of technology review, Soil vapor extraction systems, US EPA

ISTOK J (1989) Groundwater modeling by the finite element method.- American Geophysical Union, Water Tres Monogr **13**, Washington, DC

JOHNSON P C, KEMBLOWSKI0 M W, COLTHART J D (1988) Practical screening models for soil venting applications. Proceedings of NWWA/API conference on petroleum hydrocarbons and organic chemicals in groundwater, Houston, TX

JOHNSON P C, STANLEY C C, KEMBLOWSKI M W, BYERS D L, COLTHART J D (1990) A practical approach to the design, operation and monitoring of in situ soil venting systems. Ground Water Monitoring Rev **10**(2): 159-178

KAUCH E P (1982) Zur Situierung von Brunnen im Grundwasserstrom. Österr Wasserwirtsch 7/8: 157-162

KINZELBACH W (1978) Numerische Untersuchungen über den optimalen Einsatz variabler Kühlsysteme einer Kraftwerkskette am Beispiel Oberrhein. Mitteilungen des Instituts für Wasserbau **44**, Universität Stuttgart

KINZELBACH W (1986) Groundwater modelling – an introduction with sample programs in BASIC. Dev Water Sci **25**, Elsevier Amsterdam

KINZELBACH W (1987) Numerische Methoden zur Modellierung des Transports von Schadstoffen im Grundwasser (2. Aufl 1992) Schriftenreihe Wasser/Abwasser **21**, Oldenbourg, München

KINZELBACH W, ACKERER P (1986) Modélisation du transport de contaminants dans un champs d'écoulement non-permanent. Hydrogéol **2**: 197 - 206

KINZELBACH W, HERZER J (1983) Anwendung der Verweilzeitmethode auf die Simulierung und Beurteilung von hydraulischen Sanierungsmaßnahmen – Methoden zur rechnerischen Erfassung und hydraulischen Sanierung von Grundwasserkontaminationen. Eigenverl Inst Wasserbau Univ Stuttgart **54**

KINZELBACH W, RAUSCH R (1991a) PAT – Programm zur Berechnung von Bahnlinien und Laufzeiten, Kassel

KINZELBACH W, RAUSCH R (1991b) SIC – Programm zur stochastischen Berechnung von Isochronen, Kassel

KINZELBACH W, VASSOLO S (1991) Pre- and post-processing of FINEM3 – a two dimensional groundwater flow and transport program. Dept of Civil Engineering, Univ Kassel

KINZELBACH W, CHIANG W H, VASSOLO S, RAUSCH R (1991) FEM – finite element model – two dimensional groundwater flow model. Dept of Civil Engineering, Univ Kassel

KINZELBACH W, MARBURGER M, CHIANG W-H (1992) Bestimmung von Brunneneinzugsgebieten in zwei und drei räumlichen Dimensionen. Geol Jb **C 61**: 3-38

KLOTZ D, SEILER K-P (1980) Labor- und Geländeversuche zur Ausbreitung konservativer Tracer in fluvioglazialen Kiesen von Oberbayern. In: Traceruntersuchungen in der Hydrogeologie und Hydrologie. GSF-Bericht **250**

KOBUS H, RINNERT B (1981) Hydraulische Möglichkeiten zur Grundwassersanierung im Bereich von Altablagerungen – IFW: Methoden zur rechnerischen Erfassung und hydraulischen Sanierung von Grundwasserkontaminationen. Eigenverl Inst Wasserbau Univ Stuttgart **54**

KONIKOW L F, BREDEHOEFT J D (1978) Computer model of two-dimensional solute transport and dispersion in groundwater. Techniques of water resources investigations of the US Geological Survey **7**

KUESTER J L, MIZE J H (1973) Optimization techniques with FORTRAN. McGraw Hill, New York

LENDER A, ZUBER A (1970) Tracer dispersions in groundwater experiments. Isotope Hydrology IAEA-SM-129/37: 619-641

LUCKNER L, SCHESTAKOW W M (1986) Migrationsprozesse im Boden- und Grundwasserbereich VEB Deutscher Verlag f. Grundstoffindustrie, Leipzig

LYMAN W J, REEHL W F, ROSENBLATT D H (1982) Handbook of chemical property estimation methods. McGraw Hill, NewYork

MERCADO A (1976) Nitrate and chlorite pollution of aquifers, regional study with the aid of a single cell method. Water Resour Res **15**(12): 731-747

MERCER J W, COHEN R M (1990) A review of immiscible fluids in the subsurface – properties, models, characterization and remediation. J Contamin Hydrol **6**: 107-163

Ministerium für Landwirtschaft und Forsten (MELUF) (1983) Leitfaden für die Beurteilung und Behandlung von Grundwasserverunreinigungen durch leichtflüchtige Chlorkohlenwasserstoffe (Heft 13), Stuttgart

MONTGOMERY J H, WELKOM L M (1990) Groundwater chemical desk reference. Lewis Publishers, Chelsea, MI

MULL et al. (1969) Beurteilung und Behandlung von Mineralölunfällen auf dem Lande im Hinblick auf den Gewässerschutz. Bundesmin. f. Gesundheitswesen, Bad Godesberg

NELSON J M (1978) A triangulation algorithm for arbitrary plane domains. Appl Math Modelling **2**

PICKENS F J, GRISAK E G (1980) Scale-dependent dispersion in a stratified granular aquifer. Water Resour Res **17**(4): 1191-1211

POWELL M J D (1964) An efficient method for finding the minimum of a function of several variables without calculating derivatives. Comput J **7**(1)

RAUSCH R, VOSS A (1991) WSG – Einzugsgebiet eines Einzelbrunnens in paralleler Grundströmung, Kassel

REID R C, PRAUSNITZ T K, SHERWOOD T K (1977) The properties of gases and liquids (3rd edn). McGraw Hill, New York, pp 544-601

ROSENBROCK H H (1960) An automatic method for finding the greatest and least value of a function. Comput J **3**(3): 175-184

SAUTY J P (1977) Contribution à l'identification des paramètres de dispersion dans les aquifères par l'interprétation des expériences de traçage. Thèse Doct.-Ing., Grenoble

SAUTY J P (1978) Identification des paramètres du transport hydrodispersif dans les aquifères par l'interprétation de traçages en écoulement cylindrique convergent ou divergent. J Hydrol **39**(1-2): 69-103

SAUTY J P, KINZELBACH W (1987) Computer assisted interpretation of field tracer tests. Rep No 87/5, Inst Wasserbau, Univ Stuttgart, Rep No 87 SGN 617 EAU, BRGM

SAUTY J P, KINZELBACH W, VOSS A (1991) CATTI – Rechnerunterstützte Tracertestauswertung, Kassel

SCHMID G, BRAESS D (1987) Comparison of fast equation solvers for groundwater flow problems. In: Groundwater flow and quality modelling, NATO SCI series, series C. Math Phys Sci **224**: 173-188, Reidel, Dordrecht

SCHWARZENBACH R P, WESTALL J (1981) Transport on nonpolar organic compounds from surface water to groundwater. Environ Sci Technol **15** (11).

SICHARDT W (1928) Das Fassungsvermögen von Rohrbrunnen und seine Bedeutung für die Grundwasserabsenkung, inbesondere für größere Absenkungstiefen. Springer, Berlin

THIEM G (1906) Hydrologische Methoden, Leipzig

THIERY D (1979) Le sous-programme d'optimisation automatique. ROSENB, BRGM SGN/EAU, Note technique

TINSLEY I J (1979) Chemical concepts in pollutant behavior. Wiley, New York

TODD O K (1959): Groundwater hydrology. Wiley, New York

VERRUIJT A (1982) Theory of groundwater flow. Macmillan, London

ZIENKIEWICZ OK. C. (1971) The finite element method in engineering science. McGraw-Hill, London

Anhang

Systemanforderungen

Um die als Anlage beigefügten Programme nutzen zu können, sind folgende Mindestanforderungen an die Hard- und Software gegeben. Die heutigen Personalcomputer sind i.d.R. hardwaremäßig wesentlich leistungsfähiger.

- IBM-kompatibler Personalcomputer mit 80286-Prozessor oder höher
- EGA- oder VGA-Karte (Hercules-Grafikkarte wird nicht unterstützt)
- 640 KB RAM
- Festplatte
- CD-ROM-Laufwerk
- Betriebsystem MS-DOS oder kompatibel ab Version 3.1

optional:

- Mathematischer Coprozessor (Ein mathematischer Coprozessor wird automatisch benutzt, falls vorhanden. Ansonsten erfolgt Emulation durch Software und dadurch längere Ausführungszeiten)
- HP-kompatibler Plotter (Die erstellten HP-GL Dateien können auf einem Plotter ausgegeben oder in z.B. Textverarbeitungsprogramme importiert werden.
- MICROSOFT QUICK-Basic ab Version 4.0 (nur nötig, wenn Programmänderung vorgenommem werden sollen; mit dem Compiler MICROSOFT BASIC 7.1 besteht die Möglichkeit, auch Programmversionen für das Betriebssystem OS/2 zu erstellen)

Das Programm GFR setzt einen 386- oder 486-Prozessor (mit mathematischem Coprozessor) und 4 MB RAM voraus. Zur Bedienung ist eine Maus erforderlich.

Installation der Programme

Als Anlage zu diesem Materialienband ist eine CD-ROM beigefügt, welche die lauffähigen Programme, Beispieldatensätze sowie die editierbaren Quelltexte enthält.

Jedes Programm ist in einem Verzeichnis mit seinem Namen auf der CD abgelegt. Im folgenden werden die Installationshinweise für jedes einzelne Programm beschrieben:

- PAT: Legen Sie auf Ihrer Festplatte ein Verzeichnis an, in das Sie die Programmdatei PAT.EXE und die Beispieldatensätze

EX1PAT.DAT und EX2PAT.DAT kopieren. Die übrigen, im Verzeichnis PAT auf der CD enthaltenen Dateien werden für die Programmausführung nicht benötigt; sie enthalten die Quelltexte und Quick-Basic-Bibliotheken.

- WSG: Legen Sie auf Ihrer Festplatte ein Verzeichnis an, in das Sie die Programmdatei WSG.EXE kopieren. Die übrigen, im Verzeichnis WSG auf der CD enthaltenen Dateien werden für die Programmausführung nicht benötigt; sie enthalten die Quelltexte und Quick-Basic-Bibliotheken.
- CATTI: Legen Sie auf Ihrer Festplatte ein Verzeichnis an, in das Sie die Programmdatei CATTI.EXE und die Beispieldatensätze SAMPLE1.CAT und SAMPLE2.CAT kopieren. Die übrigen, im Verzeichnis CATTI auf der CD enthaltenen Dateien werden für die Programmausführung nicht benötigt; sie enthalten die Quelltexte und Quick-Basic-Bibliotheken.
- SIC: Legen Sie auf Ihrer Festplatte ein Verzeichnis an, in das Sie die Programmdatei SIC.EXE kopieren. Die übrigen, im Verzeichnis SIC auf der CD enthaltenen Dateien werden für die Programmausführung nicht benötigt; sie enthalten die Quelltexte und Quick-Basic-Bibliotheken.
- GFR: Legen Sie auf Ihrer Festplatte ein Verzeichnis an, in das Sie die Programmdateien (s. Tabelle 20) kopieren. Die Beispieldateien, die im Verzeichnis \GFR\EXAMPLE auf der CD enthalten sind, sollten in ein eigenes Verzeichnis auf die Festplatte kopiert werden.

Sachverzeichnis

Abbau 54
Abbaukonstante 54
Abstandsgeschwindigkeit 6f; 10; 38; 53; 73; 89; 92
Adsorption 51; 53; 58
Adsorptionskoeffizient 52
Advektion 42; 58
Anreicherungsgrenze 11; 74; 77
Bahnlinie 20; 71; 75ff; 79f; 83; 165; 174; 177; 200f
Bilanzierung 55
Bodenluft 30; 32
Brunnenformel 6; 9; 71; 74f
DARCY 6; 73
Diffusion 42; 45
Diffusionskoeffizient 39; 41
DIRAC-Puls 97; 100; 104
Dispersion 42; 44f; 58; 100f; 128
Dispersionskoeffizient 45f
Dispersivität 46; 48f; 67; 97; 100ff; 108; 121; 128
DUPUIT-THIEM 9f; 73
Durchgangskurvef 96; 107f; 127; 151
Eindringtiefe 33; 37
Einzugsgebiet 17; 19
Entnahmebreite 15; 23; 88f; 92
Entnahmebrunnen 9; 11; 14; 19; 24; 26; 29; 31; 49; 71; 76;
.... 83; 85; 87ff; 97; 102; 158; 175
Fassungsvermögen 29
Festpotentialrand 11; 74; 77; 174; 185
Ficksches Gesetz 39
Filtergeschwindigkeit 6f; 14f; 18; 29; 43; 67; 69; 88f; 108; 122; 158
Finite-Differenzen-Methode 98; 103
Finite-Elemente-Methode 165
Finite-Elemente-Modell 164; 190
Fließgeschwindigkeit 6; 34; 44
Fließrichtung 2f; 6; 9; 15; 24; 44; 67; 73; 100f; 106; 108; 146; 152; 154
Fließzeit 18; 20; 100
freier Aquifer 7; 12f; 71; 87; 158
FREUNDLICH-Isotherme 52
Gefälle 2f; 6ff; 64; 90; 159
gespannter Aquifer 7; 9f; 71f; 74; 87f; 158
Grundwassergleichenplan 3; 6
Halbwertszeit 54
hydrologisches Dreieck 2f
Infiltration 9; 23; 27

Infiltrationsbrunnen	11; 24; 26; 71; 74; 83; 85
Isochrone	15; 77; 89f; 157ff
Isolinie	173; 177; 197
Isotherme	52; 55
Kriging-Verfahren	56
kritischer Abstand	21f; 24
LANGMUIR-Isotherme	52
Laufzeit	13; 64; 71; 87; 89; 158f
Luftentnahmerate	30ff
Makrodispersivität	48
Massenfluß	49
Michaelis-Menten-Kinetik	54
Parallelströmung	7; 58; 63; 100; 104; 108; 121; 133; 140; 144; 151
POWELL-Methode	106
Radialströmung	7; 96; 102f
Randbedingung	11ff; 176
Restsättigung	33; 35f
ROSENBROCK-Methode	106
Sanierung	164
Sanierungszeit	30
Schadstofffront	7f
Staugrenze	11; 19; 62f; 74; 77
Staupunkt	14; 24; 26; 88
Strömungsfeld	9; 58
Superposition	10ff; 62f; 74
Tracer	121
Tracertest	46; 96f; 100; 102; 104; 108
Transmissivität	9
Transportgleichung	58; 63; 97; 99f; 103
Trennstromlinie	13ff; 17; 26f; 77; 87; 90; 92
virtueller Brunnen	11; 13; 74